www.ingramcontent.com/pod-product-compliance
Lightning Source LLC
Chambersburg PA
CBHW051904170526
45168CB00001B/240

الهواء

تأليف

الأستاذ الدكتور المهندس المستشار/ عصام محمد عبد الماجد أحمد

والأستاذ الدكتور/ محمد أحمد حسن الطيب

ومحمد عبد السلام الطاهر الشيخ

والدكتور/ محمد عصام محمد عبد الماجد

ISBN-13: **978-1517663971**
ISBN-10: **1517663970**

Printed by CreateSpace, an Amazon.com Company

Available from Amazon.com, CreateSpace.com, and other retail outlets

الإهداء

أورد البخاري في صحيحه: الحديث 923 الباب 564 كتاب الأدب **"حــدثنا آدمُ حــدَّثنَا شُعبةُ عن قتادةَ عن أنسِ بن مالكٍ رضى اللّه عنهُ قالَ قالَ النَّبيُّ صلى اللَّــه عليــه وسلم لا يجدُ أحدٌ حلاوةَ الإيمانِ حتَّى يُحِبَّ المرءَ لا يُحبُّهُ إلا للّهِ وحتَّى أن يُقذَفَ في النَّارِ أحبُّ إليهِ من أن يَرجِعَ إلى الكُفرِ بعدَ إذ أنقذهُ اللّه وحتَّى يكونَ اللّه ورسُــولُهُ أحبَّ إليه ممَّا سِواهُما".**

إلى الأستاذ والأخ والصديق: **الدكتور المهندس محمود الشــريف عجــبين** نهدى هذا الكتاب. "**اللَّهُمَّ أكثرْ مالهُ وولدَهُ وبارِكْ لهُ فيما أعطيتَهُ**"

مقدمة الطبعة الثانية

رواج الطبعة الأولى واستخدامها من قبل الطلاب والمدرسين في مؤسسات التعليم والبحث العلمي قاد المؤلفين للتفكر في تنقيح الاصدارة وتجويدها والاضافة إليها لتعم الفائدة ويستفيد ناشد التخصص في علوم الهواء وملوثاته وأنماط معلجتها ومكافحتها والتخلص منها لاستتباب بيئة معافة سليمة في استدامة بينة ونكهة تصلح الحال وتعلي من القيم وتعلم على صفرية التلوث بكافة أشكاله وأنواعه المنظورة والمستترة.

ومن المؤمل أن يستفيد القارئ ومستخدم الكتاب من المعلومات به ومن ثم يرحب المؤلفون بأي ملاحظات أو آراء أو أفكار أو رؤى تسهم للتجويد والمراجعة المتأنية للكتاب واكمال نواقصه.

ومن باب من لا يشكر الناس لا يشكر الله فالشكر مقدم لكافة الهيئات والمنظمات والجمعيات والجماعات والعلماء والمؤلفين ممن اسهمت اصداراتهم ومؤلفاتهم لاكمال هذا السفر وابرازه للمكتبة العربية.

المؤلفون

الدمام – الخرطوم – خصب 2015

محتويات الكتاب

قائمة الجداول

قائمة الأشكال

بسم الله الرحمن الرحيم

شكر وعرفان الطبعة الأولى

أولا وأخيرا الشكر والحمد لله رب العالمين أن تكرم سبحانه وتعالى علينا بإتمام هذا الجهد المهم والمطلوب. وفي سبيل إكماله وتجميله فقد أتتنا المساعدة والدعم من قبل عدة جهات وأفراد أثناء كتابة مسودته وطباعتها وتنقيح الكتاب ومراجعة شوارده وتحقيق ثوابته وتجميع بعض أجزائه وتجويد رسم أشكاله. ونخص بالشكر الجزيل، وعظيم التقدير والعرفان كل من ساهم وشارك في إنجاح هذا المشروع المبارك إن شاء الله سبحانه وتعالى. ونخص بعظيم الشكر معالي الأستاذ الدكتور الزبير بشير طه وزير العلوم والتقانة للتشجيع والدعم السخي وتبني الفكرة.

والشكر متصل للأخ الأستاذ الدكتور الطيب إدريس عيسى الأمين العام لوزارة العلوم والتقانة لمساعدته القيمة والمقدرة لنا عبر مراحل صناعة هذا السفر. والشكر موصول لكل الهيئات والمنظمات والمؤسسات والشركات والجمعيات والجهات العلمية المختلفة التي سمحت بإعادة نشر أو استخدام بعض منتجاتها العلمية والفكرية لاسيما وقد أضافت لرونق الكتاب وبهائه، وعملت على إكمال محتواه العلمي. ونأمل أن يفيد هذا الكتاب جحافل المهندسين والأطباء وأهل العلوم ذات الصلة بقضايا الهواء وصفاته، وملوثاته ومضارها وأساليب التخلص منها.

سبحانك اللهم وبحمدك لا إله إلا أنت نستغفرك ونتوب إليك. وسلام على المرسلين والحمد لله رب العالمين.

المؤلفين

أ. د. م. م. عصام محمد عبد الماجد أحمد
مركز البحوث والاستشارات الصناعية
وزارة العلوم والتقانة

أ. د. محمد أحمد حسن الطيب
هيئة الطاقة الذرية السودانية
وزارة العلوم والتقانة

محمد عبد السلام الطاهر الشيخ
هيئة الطاقة الذرية السودانية
وزارة العلوم والتقانة

ص. ب. 268 الخرطوم، السودان

هاتف: 322244

فاكس: 313753

بريد إلكتروني:

isam_abdelmagid@hotmail.com

ص. ب. 3001 الخرطوم، السودان

هاتف: 771993

فاكس: 774179

بريد إلكتروني:

saec@sudanmail.net

ص. ب. 3001 الخرطوم، السودان

هاتف: 012245904

فاكس: 774179

بريد إلكتروني:

mmsalam@maktoob.com

الخرطوم 2003

الرموز والمصطلحات الواردة فى الكتاب

الرمز أو المصطلح	المعنى	التمييز
A	مساحة صفائح التجميع	م 2
a	ثابت	
B	عرض مدخل الفرازة المخروطية	م
C	تركيز الرادون	بيكويرل/م3
C	ثابت	
C(x,y)	درجة تركيز الملوث على سطح الأرض على النقطة (x,y)	جم/م 3
C_p	الحرارة النوعية للضغط الثابت لغاز المدخنة	
C_1	التركيز المحسوب بمعادلة الانتشار	كجم/م 3
C_2	التركيز المطلوب	كجم/م 3
De	معامل الإنتشار الفعال	
D	معامل المادة المدروسة	
Dm	معامل الانتشار الجزيئ، معامل الانتشار في الهواء	م2/ث
D_w	معامل الإنتشار في الماء	
d	قطر مخرج الغاز، القطر الداخلي للمدخنة	م
d	القطر الجسيمات ذات المقاس المعين	ميكرومتر
D_{50}	قطر القطع 50%	م
d_p	قطر الحبيبة، مقاس الحبيبة	م
E	معامل الاصدار	
E	كفاءة الازالة، كفاءة تجميع الجسيمات بالفرازة المخروطية، كفاءة المرسب الالكتروستاتيكي	%
e	ضغط الهواء	
e	ضغط البخار، ضغط البخار الحقيقي	ملم زئبق، مللبار
e_s	ضغط البخار المتشبع	ملم زئبق، مللبار
e_w	ضغط بخار الماء عند التشبع، ضغط الغاز الجزئى لمقياس	ملم زئبق

الرمز أو المصطلح	المعنى	التمييز
	الحرارة الرطب	
F	ثابت	م^4/ث^3
Fm	معدل نقل الجزئات	بيكويرل/م^2.ث
g_c	ثابت الجاذبية الأرضية	
g	عجلة الجاذبية الأرضية	م/ث^2
H	طول المدخل	م
$H_{building}$	طول المبنى المجاور	م
H_{stack}	طول المدخنة المجاورة للمباني	م
H	إرتفاع المدخنة الفعال	م
h	ارتفاع المجمع	م
h	الرطوبة النسبية	%
h	الإرتفاع المدخنة الحقيقي	م
K	ثابت	
L	طول المجمع	م
L_1	طول الاسطوانة	م
L_2	طول المخروط	م
m	معدل دفق كتلة غتز المدخنة	كجم/ث
N	عدد اللفات الخارجية الفعالة في الفارزة المخروطية	لفة
n	مسامية الوسط	
p	الضغط الجوي، الضغط البارومتري	جو، بار، (نيوتن/م^2) باسكال، ملم
'P	ضغط الهواء الجاف	ملم زئبق
P	معدل انتاج الرادون	بكويرل/كجم.ث
P	الضغط الكلي الهواء الرطب	جو، بار، (نيوتن/م^2) باسكال، ملم

الرمز أو المصطلح	المعنى	التمييز
Q	معدل المواد المبتعثة أو الملوثات	جم/ث
Q	معدل دفق مسار الغاز	م 3/ث
Q_h	مدخل نفث الحرارة	كيلوجول/ث
q	ثابت	
q	قوة المصدر عبر وحدة المسافة	جم/م·ث
R	النشاط الاشعاعي للرادون	
R	ثابت الغاز العالمى لكل الغازات	لتر×جو/مول×كلفن، جول/ كلفن×مول
T	درجة الحرارة	هم، هف، كلفن
T	معدل التحرر الكلي	بيكويرل/م 2·ث
T_a	درجة حرارة الغلاف الجوي على ارتفاع المدخنة، درجة حرارة الهواء	كلفن، هم
T_s	درجة حرارة غاز المدخنة	كلفن
t	درجة الحرارة الجافة	هم
t_1	زمن	دقيقة
t_2	فترة زمن العينة	دقيقة
t_w	درجة حرارة مقياس الحرارة الرطب	هم
u_i	سرعة الغاز الداخل	م/ث
u_1	سرعة الرياح على المنطقة الأقل إرتفاعا	م/ث
u	سرعة الرياح على المنطقة ذات الإرتفاع الأعلى	م/ث
u	سرعة الرياح المتوسطة على ارتفاع المدخنة الفعال	م/ث
u	السرعة لحظة خروج الغاز من المدخنة	م/ث
u	السرعة الأفقية للغاز والحبيبة عبر المجمع	م/ث
v_s	سرعة الغاز المنبعث من المدخنة	م/ث
w	سرعة إنسياق الحبيبات المشحونة نحو قطب المجمع	م/ث

التمييز	المعنى	الرمز أو المصطلح
م	سماكة المادة	X
م	المسافة الأفقية	x
	إحداثيات المستقبل للملوثات الهوائية	(x,y)
م	المسافة	y
l	الإرتفاع	z
	ثابت	α
	ثابت جهاز قياس الرطوبة	γ
كجم/م 3	كثافة الغلاف الجوي	ρ
كجم/م 3	كثافة جسم المادة	ρ
كجم/م 3	كثافة الغاز	ρ_g
كجم/م 3	كثافة الحبيبة، كثافة الجسيمات الملوثة	ρ_P
نيوتن×ث/م 2	معامل اللزوجة الديناميكية للغاز	μ
م 2/ث	درجة اللزوجة الكينماتية	ν
م	الإنحراف المعيارى الرأسى لتركيز الريشة	σ_z
م	الإنحراف المعيارى الأفقى لتركيز الريشة	σ_y
/ث	ثابت تفكك الرادون	λ
م	إرتفاع الريشة أعلى المدخنة	Δh
م	إرتفاع الريشة	Δh
متر ماء	فقد الضغط عبر الفرازة المخروطية	ΔP
كلفن/م	ميل الحرارة	$\Delta Q/\Delta z$
	معامل الالتفاف	τ

بسم الله الرحمن الرحيم

مقدمة الكتاب

قال الله سبحانه وتعالى "**وقل ربِّ أعوذُ بكَ من همزاتِ الشّياطينِ** (97) **وأعوذُ بكَ ربِّ أن يحضرونِ**" (98) المؤمنون. "اللهم إني أعوذ بك من العجز والكسل والجبن والبخل والهرم وعذاب القبر وفتنة الدجال، اللهم آت نفسي تقواها وزكها أنت خير من زكاها أنت وليها ومولاها، اللهم إني أعوذ بك من علم لا ينفع ومن قلب لا يخشع ومن نفس لا تشبع ومن دعوة لا يستجاب لها" والسلام على أشرف المرسلين سيدنا ونبينا محمد صلى الله عليه وسلم وعلى آله وأصحابه وأزواجه وذريته ومن اتبع هديه إلى يوم الدين.

نبعت فكرة هذا الكتاب بغرض المساهمة في إيجاد مرجع علمي شامل في مجالات هندسة الهواء وعلومه وذلك للحاجة الماسة لمثله للمساعدة في الدرلسة الجامعية، والدراسات العليا، والعلوم، والبحث العلمي في المشاريع الهندسية، ومكافحة تلوث الهواء، وغيرها من مفردات وأسماء المساقات الدراسية المختلفة باختلاف مؤسسات التعليم العالي والبحث العلمي. ويتوقع أن يساعد الكتاب في تخطيط وتصميم وتقويم وتشغيل محطات تنقية الهواء والتحكم فيه ومكافحة ملوثاته. ومن المؤمل أن يستفيد من هذا الجهد عموم المهندسين والعاملين في الحقل الطبي والصحة العامة وتخطيط المدن ومختصي الزراعة ولا غنى للباحث عنه. كما ووضع الكتاب متطرقا لموضوعات علمية شتى تفيد الأستاذ المدرس والطالب الجامعي أثناء تحضيره لأي من رسالة الدبلوم الأوسط أو البكالوريوس أو الدراسات العليا من ماجستير ودكتوراه وغيرها.

عملنا في هذا الكتاب على تطوير أعمال ومجهودات وبحوث علمية قمنا بها أو أشرفنا عليها في مجال التلوث الهوائي في مشوار البحث العلمي التطبيقي آملين في الإسهام بجهد متواضع لإثراء المكتبة العربية بكتاب علمي متخصص في مناحي العلوم الهوائية. ودعم تحقيق فكرة الكتاب افتقار المكتبة العربية لمرجع علمي شامل يغطى الأسس النظرية والتطبيقية، ويجد فيه طالب العلم مبتغاه من مسائل وتمارين تساعده في فهم الدرس وسبر غوره.

غطى الكتاب عبر أبوابه السبعة قضايا الهواء، إذ تعلق الباب الأول بموضوعات خواص الهواء وفوائده وأهم العوامل المؤثرة على المناخ. وشمل الباب الثاني مصادر تلوث الهواء المنزلية والطبيعية والتجارية والصناعية والزراعية وما شابهها. وتطرق الباب الثالث إلى آثار تلوث الهواء من جراء أكاسيد النتروجين والكبريت والمواد العالقة والهيدروكربونات والأمطار الحمضية وآثار خاصية الاحتباس الحراري. وأشار الباب الرابع لموضوعات تلوث الهواء بالإشعاع حيث ركز على تأثير الإشعاعات المؤينة على الأنسجة، ومصادر الملوثات المشعة والعوامل المؤثرة على توزيعها مع التركيز على غاز الرادون، ثم عرج الباب على الطرق النووية لدراسة تلوث الهواء، وطرق الكشف عن التلوث الإشعاعي في الهواء. أما الباب الخامس فقد استعرض طرق انتشار الملوثات الهوائية وأنماطها والنماذج الرياضية المتعلقة بها. أما للباب السادس فقد غطى الموضوعات المتعلقة بمكافحة تلوث الهواء حيث أشار للأنماط والطرق العامة المتبعة والممكنة لمكافحة تلوث الهواء للمصادر الثابتة (مثل عمليات الإمتزاز وعمليات الامتصاص والاحتراق أو الترميد والتكثيف) ونظم مكافحة تلوث الهواء بملوثات الجسيمات (من غرف الترسيب تحت الجاذبية والمجمعات الطاردة المركزية والفرازات المخروطية والمرسبات الديناميكية ومرشحات الكبس {مجمعات النسيج والحصيرة الليفية} والمجمعات الرطبة {مغسلة الغازات} والمرسبات الإلكتروستاتية) ونظم مكافحة تلوث الهواء للمصادر الهوائية المتحركة. وقام هذا الفصل بشرح الأطر الهندسية التصميمية المتبعة موضحا المحاسن والعيوب لكل وحدة معالجة. وتفرد للباب السابع

بعرض التشريعات والقوانين والخطوط التوجيهية واللوائح المتعلقة بنظم مكافحة تلــوث الهواء.

واحتوى الكتاب على عدد من الرسومات الهندسية التصميمية والأشكال الإيضــاحية ومجموعة كبيرة من الأمثلة المحلولة لكل فرع للتبيان، والكثير مــن مســائل التمــارين النظرية والتطبيقية بغية إكساب المهارة والخبرة. وتنوعت المصادر والمراجع المســتفاد منها في متن الكتاب من خلال فصوله المختلفة لزيادة وإتمام الفائدة. كما وألحقت بالكتاب مرفقات لبعض البيانات والجداول ذات الجدوى والصلة بالموضوع.

ونأمل أن يكون قد وفقنا المولى عز وجل في هذه المحاولة وأن يرزقنا أجرها إنه نعــم الإله السميع المجيب والله من وراء القصد وهو يهدى السبيل.

المؤلفون

أ. د. م. عصام محمد عبد الماجد أحمد و أ. د. محمد احمد حسن الطيب

ومحمد عبد السلام الطاهر الشيخ

الخرطوم 2003

مقدمة للحوسبة الهندسية

لا يخفى على أحد التطور الكبير الذي شهدته أواخر القرن العشرين وأوائل القرن الحالي في علوم الحوسبة. فما بدأ كفكرة بسيطة لتسهيل العمليات الحسابية (كحاسبة بليز باسكال) تطور في أقل من عشرين سنة للحاسبات الموجودة الآن. وللناظر لعلوم الحاسوب قد يظن أن الحاسوب هو الجهاز الموجود على سطح أي مكتب، وهو ما يسمى بالحاسوب الشخصي (Personal Computer) ولكن الحقيقة أن نظرية الحوسبة قد دخلت في معظم الأجهزة الالكترونية المستخدمة في عالم اليوم، بدلية بالحاسبات المتطورة، وأجهزة المحمول والأجهزة الكفية، مروراً بالحاسبات الشخصية والحاسوب المحمول، وحتى الأجهزة المتخصصة كنظم التحكم في الطيران وأنظمة التحكم في المستشفيات والشركات.

والحقيقة أن علوم الحاسوب أصبحت علماً مفروضاً لا يجزي الموظف العادي أن يمارس وظيفته بدون المعلومات الأساسية حول تشغيل الحاسوب والعمل على برلمج المكتب كمحررات النصوص وبرامج العرض والجداول الممتدة.

كما أن وظيفة المهندس تمتد لأبعد من ذلك، فهي تحتاج بالإضافة لذلك إلى المعرفة الأساسية بقواعد البرمجة وأنواع لغات البرمجة واستخداماتها. ويمكن تعريف البرنامج على أنه مجموعة من الأوامر التي تعطى لوحدة المعالجة المركزية (Central Processing Unit, CPU) لتقوم بتنفيذها أمراً أمراً حتى نهاية الأوامر.

والتطور الذي شهدته أنظمة التشغيل التي تحولت من أنظمة معتمدة على معالجة الأوامر بالسطور (Command line processing) لأنظمة معتمدة على واجهات المستخدم الرسومية (Graphical User Interface, GUI)، جعل لغات البرمجة تتطور كذلك لتواكب هذا التغير. فالبرامج القديمة كانت مجموعة من الأوامر المكتوبة في سطور، يتم تحويلها لأوامر بلغة الآلة (Machine code)، والتي تقوم وحدة المعالجة المركزية بتنفيذها. أما برامج الواجهات الرسومية فقد صارت أكثر تعقيداً، فالبرنامج صار غير

ملتزم بخط سير معين، حيث أن المستخدم هو الذي يحدد أي جزء من البرنامج سيتم تنفيذه عبر إعطاء أوامر معينة. فمثلاً عند ضغط المستخدم على زر ما يتم تنفيذ جزء من البرنامج للقيام بعملية حسابية، وعند ضغط زر آخر يتم تنفيذ جزئية أخرى، وهكذا.
وهذا النوع من البرامج يسمى البرامج التفاعلية (Interactive programs) حيث أن تفاعل المستخدم مع البرنامج هو الدافع لتنفيذ الشفرة المكتوبة، وبدون تفاعل المستخدم يكون البرنامج في حالة حلقة مفرغة ينتظر الأوامر لتنفيذها.
والبرامج بهذه الطريقة يصعب كتابتها بوضع كل مكونات البرنامج في مكان واحد، وعلى ذلك أصبح من الشائع تقسيم البرامج لأجزاء، يختص كل جزء بتنفيذ وظيفة معينة من الشفرة، كحساب نتيجة ما، أو رسم خطوط بيانية، أو بيان مخرجات للمستخدم، إلخ..
وأقسام البرامج الجزئية نوعان:
(1) البرامج الفرعية (Subroutines): يتكون البرنامج الفرعي من جزء من البرنامج الكلي، وعليه أن ينفذ مجموعة من الأوامر، ثم يعيد التحكم للبرنامج الأم.
(2) الوظائف (Functions): مثلها مثل البرامج الفرعية، والفرق أن الوظائف يتوقع منها أن تعيد نتيجة ما للبرنامج الأم، فمثلاً يمكن وضع الشفرة التي تقوم بحساب الجذر التكعيبي لرقم في وظيفية، وحينما يرغب المستخدم في حساب الجذر للتربيعي يقوم بإعطاء الرقم للبرنامج الأم، الذي يقوم بنداء الوظيفة التي ستحسب الجذر ثم ترجع النتيجة للبرنامج الأم، والذي يقوم ببيانها للمستخدم في المخرجات.
والتعامل بين البرنامج الأم والبرامج الفرعية يتم عبر للنداءات الوظيفية (Function Calls)، والتي تكون عادة باستخدام الإسم المميز للبرنامج الفرعي أو الوظيفة المراد منها تنفيذ عمل ما، بالإضافة لأي مدخلات تحتاجها الوظيفة لأداء عملها، وبعد أن تنتهي الوظيفة من عملها يتم إعادة التحكم للبرنامج الأم لتنفيذ أي أوامر أخرى.

والبرامج ذات الواجهة الرسومية تحتاج من المبرمج الإنتباه لشيئين:
(1) الواجهة الرسومية المقابلة للمستخدم (User interface)، وهي مجموعة الرسومات (من أزرار وقوائم ومربعات نصوص وأيقونات وغيرها مما يكوّن في مجموعه النوافذ) وهي التي يراها المستخدم ويتفاعل معها باستخدام الفأرة ولوحة المفاتيح. وبالنسبة

للمستخدم فالبرنامج هو الواجهة الرسومية لا غير. وعادة تكون الواجهــات الرسوميـة متشابهة تحت نظام التشغيل الواحد، فمثلاً كل (أو أغلب) النوافذ تحت نظــام وينـدوز تتكون من نفس الشكل واللون، ولكنها تختلف عن نوافذ نظام لينوكس، وهكذا.

(2) الشفرة (Code)، وهي مجموعة الأوامر التي تقـوم بتنفيـذ الوظيفيـة الأسلسـية للبرنامج وراء الكواليس. وبالنسبة للمستخدم فالشفرة غير مرئيـة ويتـم تنفيـذها عنـد الحوجة. فمثلاً عندما يضغط المستخدم زراً معيناً في البرنامج يقوم النظام بالبحث فـي شفرة البرنامج عن الوظيفة أو البرنامج الفرعي المسئول عن تنفيذ أمر الضـغط، ويتـم تنفيذ الأوامر ثم يعود التحكم للبرنامج الأم، والذي بدوره يقوم باتنظار المستخدم ليـدخل أمراً جديداً يتم تنفيذه. والشفرة عادة تختلف حسب لغة البرمجة المستخدمة، وهو شئ لا علاقة له (إلى حد ما) بالواجهة الرسومية، فنظرياً يمكن تصميم الواجهة الرسومية ثــم كتابة الشفرة لها بعدة لغات مختلفة تحت نظام التشغيل الواحد.

ولكتابة أي برنامج حاسوبي لا بد أن يكون المبرمج ملماً بلغة البرمجة المراد استخدامها. ولغات البرمجة يمكن تقسيمها بعدة طرق:

1. لغات عامة الغرض (General purpose) ولغــات خاصــة الغــرض (Special purpose):

فاللغات العامة هي اللغات التي يمكن استخدامها لأي من أغراض البرمجة، ومثال لهــا لغة فيجوال بيسك Visual Basic (وهي اللغة المستخدمة في هذا الكتاب) وفيجوال سي Visual C وجافا Java. أما اللغات الخاصة فهي اللغات التي تخدم غرضاً معيناً، كلغات برمجة قواعد البيانات (مثل SQL)، ولغات برمجة الذكاء الصــناعي (مثـل Prolog) ولغات برمجة صفحات النت (مثل JavaScript).

واللغات العامة يمكن استخدامها لأغراض اللغات الخاصة، والعكس ليس صحيحاً. ولكن اللغات العامة لديها قصور بطبيعة الحال في الأماكن شـديدة التخصـص، كالحسـابات الدقيقة، أو برامج الذكاء الاصطناعي المتطورة، أو صفحات النت المعقدة، فهذه الأشياء

23

لا بد لبرمجتها برمجة صحيحة من استخدام لغة الغرض الخاص المصممة خصيصاً لهذه الوظيفة، لضمان أفضل النتائج.

2. لغات المستوى العالي (High level) والمستوى المتوسط (Intermediate level) والمستوى المنخفض (Low level):

والمقصود بالمستوى هو سهولة استخدام اللغـة بالنسبة للمبرمج وقـرب الأوامـر المستخدمة في اللغة من اللغة الإنجليزية. فالحواسيب الأولى كان يتم برمجتها مباشــرة باستخدام الشفرة الثنائية (1 أو 0) وهي اللغة الوحيدة التي يستطيع الحاسـوب فهمهـا، والبرامج كانت صعبة الكتابة بهذه اللغة فهي عبارة عن سلسـلة طويلـة مـن الآحـاد والأصفار المتتالية، والمبرمج يمكن أن يقع في خطأ ما بسهولة تامة، ويكون عليه إعادة كتابة البرنامج من البداية. هذا ما يسمى بلغة المستوى المنخفض أو لغة الآلة.

ثم ظهرت لغة التجميع (Assembly language) وهي عبارة عن كلمـات مفتاحيـة تتكون كل منها من حرفين لأربعة حروف انجليزية على الأكثر، وهـي أقـرب لفهـم المبرمج، وقد سهلت عملية البرمجة كثيراً، حيث أن المبرمج يقوم بكتابة البرنامج بهـذه اللغة الأقرب لفهمه، ثم يقوم برنامج خـاص يسـمى المُجَمِّع (Compiler) بترجمـة البرنامج للغة الآلة التي تفهمها وحدة المعالجة المركزية. وكل أمر في لغة التجميع يقابله أمر مماثل في لغة الآلة، لذلك تعتبر لغة التجميع عبارة عن ترجمة حرفية للغـة الآلـة ولكن بحروف انجليزية، ولذلك تسمى لغة التجميع بلغة المستوى المتوسط.

ولكن المبرمجين مضوا أبعد من ذلك، فقاموا باختراع لغـات أخـرى سـميت بلغـات المستوى العالي. وهذه اللغات هي اللغات المشهورة في البرمجة الآن، حيث أن البرنامج يكون عادة سهل القراءة لأنه يتكون من كلمات إنجليزية واضـحة بالإضافة للأرقـام والرموز الحسابية الخاصة. كما دخلت مفاهيم جديدة كـالأنواع (Classes) والبرامـج الفرعية والوظائف، مما لم يكن موجوداً في لغات المستوى المنخفض. وكـل برنامـج مكتوب بلغة مستوى عالٍ يحتاج لمترجم يفهم هذه اللغة ثم يقوم بتحويلها للغة الآلة، حيث أن الحاسوب لا يفهم غير هذه اللغة المكونة من الآحاد والأصفار.

24

بعد التطور الكبير الذي شمل علوم الحاسوب في الفترة الأخيرة، تعددت أنظمة التشغيل وتنوعت. فهناك أنظمة مغلقة المصدر – أي أن الشفرة البرمجية لها محجوبة عن المستخدم (Closed Source) وهناك أنظمة وبرلمج مفتوحة المصدر (Open Source). والحركة البرمجية العامة أصبحت تسير في اتجاه البرامج مفتوحة المصدر، التي تتيح للمستخدم معرفة الشفرة البرمجية التي يستخدمها البرنامج لأداء وظيفة معينة، بل وتتيح للمستخدم في أحيان كثيرة تعديل الشفرة وربما إعادة استخدامها في برامج أخرى. ومن هنا ظهرت الحوجة للبرامج التي تعمل على عدة أنظمة تشغيل مختلفة، فالمبرمج مثلاً قد يكتب برنامجه للعمل تحت نظام لينوكس، ولكن المستخدم يستخدم نظام ويندوز. ولحل هذه المشكلة ظهرت بعض اللغات العابرة للأنظمة (Cross-platform) حيث يمكن كتابة الشفرة البرمجية باستخدام لغة معينة، ثم يمكن تنفيذ البرنامج على عدة أنظمة مختلفة بدون إعادة كتابة الشفرة البرمجية. ومثال هذه اللغات Java و Qt/C++ وغيرها.

وهناك نقاط مهمة لا بد من أخذها في الاعتبار عند التخطيط لكتابة أي برنامج:

1. ما لغة البرمجة التي سيتم استخدامها؟ وهل هذه هي اللغة المناسبة لتنفيذ الوظيفة المطلوبة أم أن هناك لغة أخرى أكثر ملائمة؟. وبصورة علمة فإن البرامج المتخصصة كما أسلفنا يفضل كتابتها بلغاتها المتخصصة، أما البرامج العامة والبرامج الهندسية البسيطة فيمكن كتابتها بلغات البرمجة العامة.
2. ما نوع وطبيعة أجهزة الحاسوب التي سيتم تنفيذ هذا البرنامج عليها؟ هل هي وحدات معالجة ذات 32 أو 64 بت؟. ما الإمكانات المطلوبة (كسعة الذاكرة، بطاقات شاشة متخصصة، أجهزة سمعية، ..) أو عدمها.
3. نظام التشغيل المقصود (نظام النوافذ من مايكروسوفت MS Windows يعتبر أكثر النظم التشغيلية شهرة، ولكن هناك أنظمة أخرى دخلت الملعب بقوة وصار لها زبائنها ومستخدموها كنظام لينوكس Linux ونظام ماكنتوش Mac OS). هل سيتاح البرنامج للمستخدمين في أنظمة متعددة أو لأنه سيكون مقصوداً للعمل تحت نظام تشغيل واحد؟.

4. ما نوع المعادلات والرسومات الهندسية المطلوبة ليقوم البرنامج بتنفيذ وظيفته بكفاءة؟.

وفي هذا الكتاب قمنا باختيار لغة فيجوال بيسك الإصدار العاشـــر لبرمجــة الأمثلــة الموجودة في نص الكتاب وذلك لسهولة استخدام اللغة خاصة للمبرمجين المبتدئين، كما أنها لغة واضحة وكلماتها المفتاحية سهلة القراءة، فيسهل بذلك متابعة شــفرة البرامـــج المختلفة حتى لمن لم يتعود على البرمجة بهذه اللغة، كما أن سهولة اللغة تجعل تحويـــل البرامج المكتوبة بها للغات أخرى عملية ليست ذات صعوبة كبيرة. هذا إلى جانب كون فيجوال بيسك هي الاختيار الأول للمبرمجين تحت نظام مايكروسوفت ويندوز، وهو من أكثر الأنظمة شهرة وانتشاراً بين أنظمة التشغيل.

وقد تم تحويل كل الأمثلة الموجودة في الكتاب لبرامج تمت تجربتها تحت نظام ويندوز. وكل مثال تتبعه شفرة البرنامج الذي يؤدي الحسابات المطلوبة. أما الواجهة الرســـومية لكل مثال فيمكن رؤيتها في الملحقات. حيث لا بد من تصميم الواجهة الرســـومية لكــل برنامج قبل الشروع في كتابة الشفرة المكملة لها.

وقد حافظنا في الأمثلة على البساطة ما أمكن، وتم وضع البرامج بحيث تكون مباشـــرة وتشرح الفكرة الهندسية المطلوبة بدون تعقيد أو مفاهيم برمجية معقدة. ويمكـــن إعـــادة إنشاء البرامج باستخدام الشفرة البرمجيـــة والاستعانة بالملحقـــات لتصميم الواجهة الرسومية، أو يمكن الحصول على ملف مضغوط يحتوي على جميع مصـــادر الأمثلـــة المحتواة في الكتاب وذلك بزيارة مواقع المؤلفين:

http://sites.google.com/site/isamabdelmagid
http://sites.google.com/site/mohammedisam2000

والله من وراء القصد

الباب الأول
خواص الهواء وفوائده

1 – 1 مقدمة

إن الهواء من أهم العناصر الأساسية والضرورية لاستمرار حياة كل الكائنات الحية من إنسان وحيوان وحشرات وغيرها ممن خلق الله تبارك وتعالى. وقد يعيش الإنسان بدون ماء وغذاء لفترة من الزمن، غير أنه لا غنى له عن الهواء وأوكسجينه للتنفس. ومـن المعروف أن رئة الإنسان ذي النشاط العادي تسـتقبل يوميـا حـوالي خمسـة عشـر كيلوجراماً من الهواء بعدد مرات التنفس، إذ يتنفس الإنسان 22000 مرة فـي اليـوم، الشيء الذي يجب معه عدم تعرضه لأي عناصر ملوثة أو محدثة للتلـوث الجـوى، لا سيما وباستطاعة الهواء تشتيت الملوثات ونشرها في حيز كبير ومنطقة واسعة، ربمـا بعدت كثيرا عن مصدر التلوث ومنبعه، دون أي تقيد بالحدود الجغرافية أو السياسية أو الطبيعية أو ما ماثلها من قيود. إن أهمية الغلاف الجوي تتمثل في:

1. احتوائه على غاز الأوكسجين الضروري للحياة.

27

2. ينقل ويحدد الطاقة الشمسية التي تتحكم في المناخ.

3. يعمل كدرعٍ واقٍ ويحمى الإنسان من أضرار الأرصاد الجـوي والإشـعاع الخطير السابح في الفضاء الخارجي والواصل إليه من الشمس (مثل الأشـعة فوق البنفسجية).

4. يدعم طيران الطيور والحشرات والطائرات.

5. ينقل بذور النباتات.

6. توفر الغازات التي توجد به مواد خام للحياة والنمو.

يعتبر استنشاق الهواء النقى من اهم مقومات البيئة الصحية, ويحتوى الهواء غير الملوث على نسب تكاد تكون ثابتة من الاوكسجين والنيتروجين وثانى اوكسيد الكربون مع خلوه تقريباً من الاتربة والعناصر السامة والإشعاعات الذرية. ومثل هذا الهواء يتجدد دائمـــاً وبشكل منتظم بفعل التيارات الهوائية الطبيعية, ويحقق هواء البيئة الطبيعية الأمان مــن الناحية الفسيولوجية للكائنات الحية.

وإذا حدث في غرفة من مبنى ما أن إمداد الهواء الطلق غير كافٍ فإن هذا الوضع ربما يسبب للإنسان داخلها صداع، أو ضيق صدر، أو اختناق، أو نعاس، أو تعب، أو فقدان للشهية، أو عدم القدرة على التركيز والانتباه. وهذه الحالات قد تحدث أحياناً في المسارح المكتظة والملاهي وغيرها من أماكن التجمعات ومن ثم ينبغي العمل على التهوية الجيدة للمبنى ومنع سكون الهواء وركوده في موقع معين {1}.

إن الهواء الجوي يتكون من خليط من الغازات ومجموعة ضخمة من الحبيبات العالقــة وبعض الجوامد والسوائل كما مبين في الجدول 1-1.

جدول 1-1 مكونات الهواء الجوي الجاف والنقي (بدون بخار الماء) {1،2}

التركيز بالحجم (%)	التركيز ملجم/لتر	المكون
		الغازات النشطة
78.09	780900	النتروجين N_2
20.95	209500	الأوكسجين O_2
$5*10^{-5}$	0.5	الهيدروجين H_2
		الغازات الخاملة
0.93	9300	الأرجون Ar
$1.8*10^{-3}$	18	النيون Ne
$5.2*10^{-4}$	5.2	الهيليوم He
$1*10^{-4}$	1	الكربتون Kr
$8*10^{-6}$	0.08	أكزينون Xe
$6*10^{-18}$		الرادون، Rn
		الغازات المتغيرة
$3.6*10^{-2}$	320	ثاني أوكسيد الكربون CO_2
$1*10^{-6}$	0.02	الأوزون O_3
		مكونات أخرى
	1.5	الميثان CH_4
	0.2	أوكسيد النتروز N_2O
	0.1	أول أوكسيد الكربون CO
	0.006	الأمونيا NH_3
	0.001	ثاني أوكسيد النتروجين NO_2
	0.006	أوكسيد النتروجين، NO
	0.002	ثاني أكسيد الكبريت SO_2
	0.002	كبريتيد الهيدروجين H_2S

يقصد بتلوث الهواء وجود ملوثات له في الغلاف الجوى أو في الهواء الخارجي بتركيز معين، وبخواص محددة، ولفترة زمنية كافية، مما قد يهدد أو يضر بحياة الإنسان وممتلكاته؛ أو يؤثر على ممالك الحيوان والنبات والأحياء المجهرية. وربما أضرت هذه الملوثات وأثرت كثيراً في الاستفادة من أساليب التقانة الحديثة المهمة والأساسية لتقدم ورقى الشعوب ونموها ورفاهتها، أو تتداخل في رفاهة الحياة والتمتع بها.

ومن أمثلة الملوثات الهوائية: الأتربة، والغازات، والضباب، والرائحة، وللدخان، والضبخان، والأبخرة السامة، وما ماثلها من أنواع الملوثات المختلفة والمتعددة والمتجددة تجدد الصناعات والابتكارات البشرية{2}. يبين شكل 1-1 المصادر الرئيسة للملوثات الهوائية، ويمثل الشكل العلاقة بين أنواع الملوثات الهوائية وما تحدثه من أضرار ومشاكل لممالك الحيوان والنبات والأحياء المجهرية.

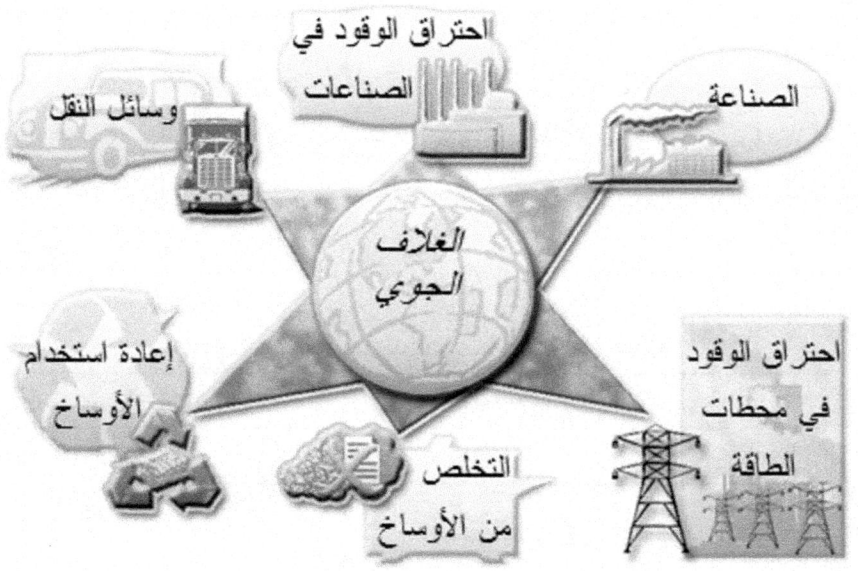

أ) المصادر الرئيسة لتلوث الهواء.

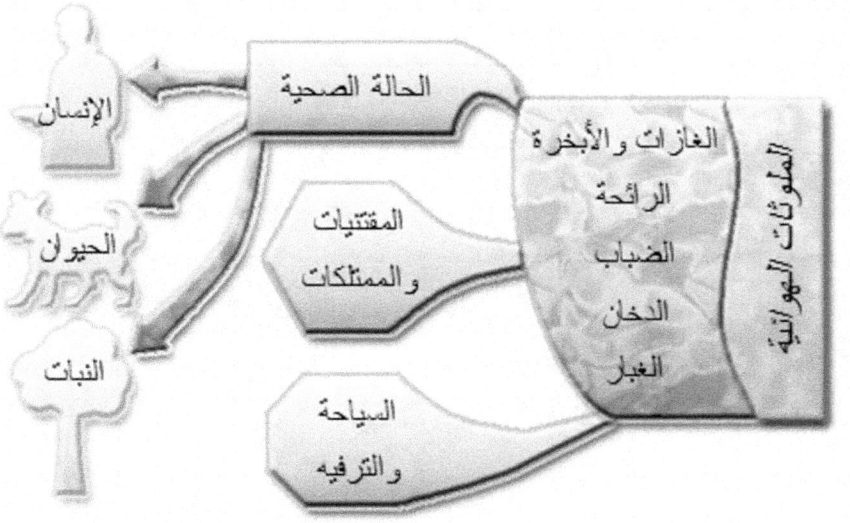

ب) الملوثات الهوائية وآثارها.

شكل 1-1 العلاقة بين أنواع الملوثات الهوائية وما تحدثه من أضرار

1 – 2 التهوية

إذا أغلقت حجرة بإحكام على أحدهم فإن كمية الأكسجين بها تستهلك ومن ثـم يصعب العيش فيها، الشيء الذي يوجب معه تجديد الهواء وتهوية الغرفة لإزالة هــواء الزفيـر ورفع تركيز الأكسجين. ومن المستحب الإيفاء بكميات الهواء المبينة على الجدول 1-2 للفرد في الساعة.

جدول 1-2 متطلبات هواء الفراغ {1}

كمية الهواء (م^3) للفرد في الساعة	نوع السكن
35	غرفة المعيشة
25	شقة النوم
30	مبنى المدرسة
35	قاعة الاستماع والاجتماعات
40 إلى 65	المشافي

وتتم التهوية إما بطرق طبيعية أو ميكانيكية أو اصــطناعية. حيــث تســتخدم الطــرق الطبيعية لتهوية المنازل والمساكن عبر النوافذ والأبواب والمراوح ... الخ؛ وهذه الطرق رخيصة وعملية وتوفر ظروفاً صحية جيدة إن صممت بإتقان ووضعت فــي الاتجــاه الصحيح لسهولة انسياب الهواء خلالها.

أما التهوية الميكانيكية فيمكن إتمامها بعدة طرق منها:

(1) طريقة الشفط العادم والإدخال: وفيها تستخدم سبل اصطناعية لشــفط الهــواء المستخدم، وتثبت مراوح شفط على ارتفاعات عليا في المبنى ويسمح بدخول الهواء عبر فتحات كتهوية طبيعية.

(2) التهوية غير الفراغية Plenum : يرشح الهواء الجديد وربما يسخن وي   دخل المبنى عبر أنابيب في مستويات سفلية، ويجمع هواء التهوية ليخرج عــبر

مخارج في ارتفاعات عليا بالغرفة للتخلص منه خارجها. وهـــذه الطريقـــة غالية الثمن.

(3) تلطيف الهواء: يسمح بإمداد هواء نظيف على درجة حرارة مقبولة ويتحكم في الرطوبة والحرارة والملوثات الغازية داخل الغرفة.

1 - 3 علاقة الحرارة والضغط في الأجزاء الدنيا من الغلاف الجوي

إن تغيرات درجة الحرارة مع الارتفاع لها أثر بين على حركة الملوثات الهوائية. فعلـــى سبيل المثال ينتج عن الظروف الجوية المستقرة جداً خلط رأسي محدود. كما وأن حجـــم الاضطراب المتاح لانتشار الملوثات يعتمد على تغير درجة الحرارة.

تبين المعادلة 1-1 العلاقة بين التغير في الضغط والتغير في الارتفاع لعنصر مائع فـــي حقل جاذبية في حالة غياب مؤثرات الاحتكاك والقصور الذاتي.

$$\frac{dp}{dz} = -\rho\left[\frac{g}{g_c}\right] \qquad 1\text{-}1$$

حيث:

p = الضغط الجوي

z = الارتفاع

ρ = كثافة الغلاف الجوي

g = العجلة الموضعية للجاذبية الأرضية

g_c = ثابت الجاذبية الأرضية

وبافتراض أن الغلاف الجوي غاز جاف مثالي يمكن استخدام معادلة الغاز المثالي 1-2

$$P = \rho RT \qquad 1\text{-}2$$

حيث:

T = درجة الحرارة

R = ثابت الغاز العالمي

وبتعويض المعادلة 1-2 في المعادلة 1-1 وبعد التكامل للحدود P_1 و P_2 لقيم z_1 و z_2 على الترتيب يمكن النظر في الحالات والنماذج التالية:

(أ) الغلاف الجوي الحراري Isothermal atmosphere

$$\frac{P_1}{P_2} = \exp\left[(z_2 - z_1)\frac{g}{g_c}\frac{1}{RT}\right]$$ 1-3

وبما ان z_1 = صفر عند سطح الأرض فتصبح المعادلة 1-3 كما مبين في المعادلة 1-4

$$P_2 = P_1 \exp\left[-z_2\left[\frac{g}{g_c}\right]\frac{1}{RT}\right]$$ 1-4

(ب) الغلاف الجوي المتعدد الانتحاء [1] Polytropic atmosphere

عنده يمكن استخدام المعادلة PV^n = constant ولعملية الغلاف الجوى متعدد الانتحاء فإن علاقة الحرارة والضغط تتبع المعادلة 1-5

$$T = T_1\left[\frac{P}{P_1}\right]^{\frac{n-1}{n}}$$ 1-5

وباستخدام المعادلات السابقة تنتج المعادلة 1-6.

$$z_2 - z_1 = \frac{n}{n-1}RT_1\left[\frac{g_c}{g}\right]\left[1 - \left[\frac{P_2}{P_1}\right]^{\frac{n-1}{n}}\right]$$ 1-6

بالتعويض عن

$$\left[\frac{P_2}{P_1}\right]^{\frac{n-1}{n}} = \frac{T_2}{T_1}$$ 1-7

تنتج المعادلة 1-8

$$z_2 - z_1 = \frac{n}{n-1}R\left[\frac{g_c}{g}\right](T_2 - T_1)$$ 1-8

(انظر شكل 1-2).

---

[1] الانتحاء: النزعة إلى الحركة أو الدوران استجابة لمنبه ما، (حسب تعريف منير البعلبكي، قاموس المورد، دار العلم للملايين، بيروت،1979).

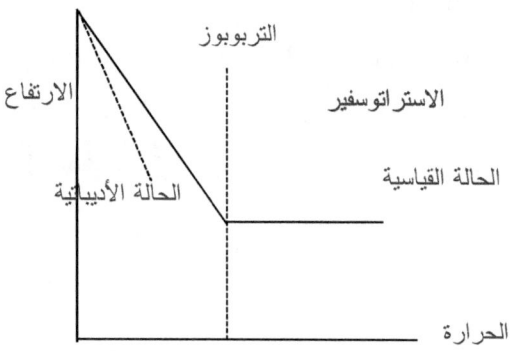

الارتفاع — التربوبوز — الاستراتوسفير — الحالة القياسية — الحالة الأديباتية — الحرارة

شكل 1-2 تغير الحرارة مع الارتفاع للحالات القياسية والأديباتية

تمثل المعادلة 1-8 تغير الحرارة مع الارتفاع لنموذج متعدد الانتحاء، ومن ثم تتناقص الحرارة مع الارتفاع خطياً. وهذا النقصان للحرارة مع الارتفاع يسمى معدل الانقضاء lapse rate.

إن معدل الانقضاء في الجزء السفلي من التربوبوز له أثر بين على الحركة الرأسية للهواء. ويقلل المزج الجيد الرأسي من الآثار اللحظية للملوثات الهوائية على سطح الأرض؛ لا سيما ويمكن أن تخفف الملوثات بسرعة عبر انتشارها في المستويات العليا. وفي الجانب الآخر فإن عدم المزج المضطرب للهواء في الأجزاء العليا يجعل الملوثات المنفوثة على مستويات سفلية تظل حبيسة موقعها. ويعرف الغلاف الجوي المستقر على أنه ذلك الذي لا يحوي مزج رأسي كبير أو حركة.

الحالة الأولى: حالة الاستقرار المتعادل

بافتراض حجم معين من الهواء يرتفع في الغلاف الجوي يمر خلال منطقة منخفضة الضغط ومن ثم يتمدد؛ وفي أثناء تمدده يعمل شغل على المحيط حوله. وبما أن العملية عادة سريعة فلا يحدث انتقال حرارة خلاله (عملية أديباتية). وهذا يعني أن الطاقة

الكامنة تنخفض مما يقلل من درجة الحرارة. وعندما يصل حجم الهواء لارتفاع آخر z2 فإن حرارته تماثل حرارة البيئة المحيطة؛ ومن ثم فإن معدل الانقضاء البيئي يماثل تماماً معدل الانقضاء الأديباتي. أو بعبارة أخرى: فإن هذا الحجم المعين له نفس الضغط ودرجة الحرارة والكثافة للبيئة المحيطة ولا تؤثر عليه قوة طفو. ومثل هذا الغلاف الجوي الذي له معدل انقضاء أديباتي يعرف بحالة استقرار متعادل naturally stable. وهذا الحجم من الهواء لا يرجع إلى وضعه الأصلي ولا يستمر في الإزاحة (انظر الشكل 1-3).

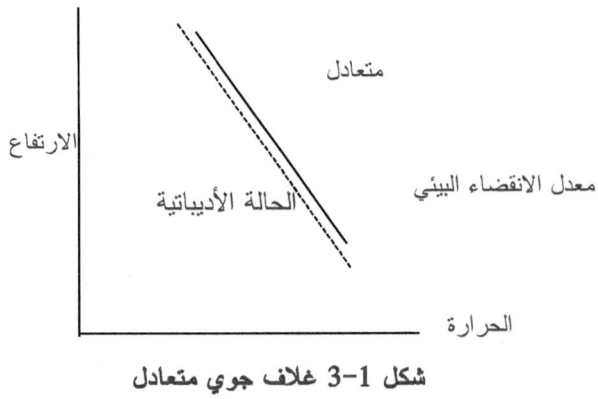

شكل 1-3 غلاف جوي متعادل

الحالة الثانية: حالة الاستقرار

في حالة نقصان درجة الحرارة بصورة غير سريعة بالنسبة لمعدل الانقضاء الأديباتي فإن حجم الهواء يتبع تغيراً في الحرارة حسب الميل الأديباتي. وعندما تصل إلى الارتفاع z2 فإنها تكون على درجة حرارة أقل من الهواء المحيط والذي تقع درجة حرارته على ميل خط درجة الحرارة البيئية. ومن ثم فإن هذا الحجم أكثر كثافة من الغلاف المحيط مما يجعله يتحرك راجعاً إلى موضعه الأصلي. وهذا ما يطلق عليه بحالة الاستقرار stable أو الظروف شبه الأديباتية sub adiabatic. وفي هذه الظروف هناك حركة قليلة جداً للهواء من ارتفاع معين للآخر مما يشير إلى الانتشار

البطيء لأي ملوثات موجودة؛ وفي حالة انعدام المزج الرأسي تزيد تراكيز التلــوث بسرعة فائقة (انظر الشكل 1-4).

شكل 1-4 غلاف جوي مستقر

الحالة الثالثة: حالة الانعكاس

تعتبر حالة الانعكاس inversion هي الحالة الشاذة للاستقرار والتي تحدث عندما تزيد درجة الحرارة مع الارتفاع مكونة غلافاً جوياً مستقراً جداً very stable (انظر الشكل 1-5).

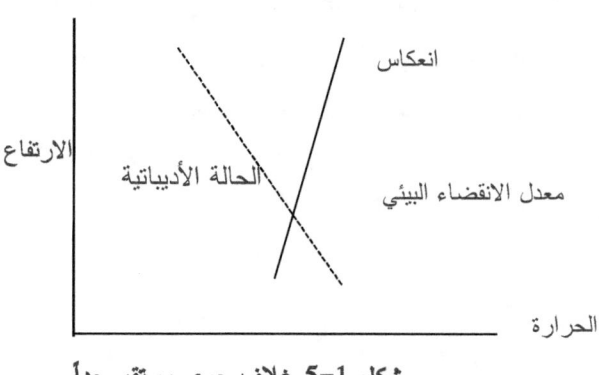

شكل 1-5 غلاف جوي مستقر جداً

الحالة الرابعة: الحالة فوق الأديباتية

عندما يكون معدل الانقضاء البيئي أعلى من معدل الانقضاء الأديباتي الجاف يطلق على الغلاف الجوي فوق أديباتي super adiabatic.

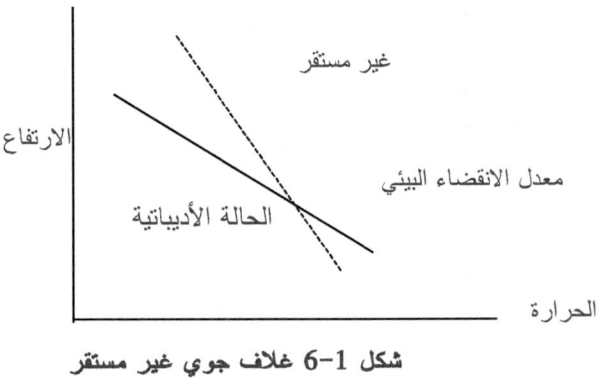

شكل 1-6 غلاف جوي غير مستقر

1 - 4 سرعة الرياح

تقل حركة الهواء بالقرب من سطح الأرض بفعل قوى الاحتكاك التي تعتمد على خشونة السطح. ومن ثم تؤثر عوامل طبيعة السطح، ووضع النباتات، والمباني وحجمها على سرعة الرياح في الاتجاه الرأسي؛ كما تتغير طبيعة سرعة الرياح بالليل والنهار. فخلال النهار يقود التسخين الشمسي إلى اضطراب حراري يعمل على إنتاج تيارات الحمل الطبيعية مما يزيد من المزج المضطرب ونظام السرعة أكثر اعتدالاً من الليل (انظر شكل 1-7).

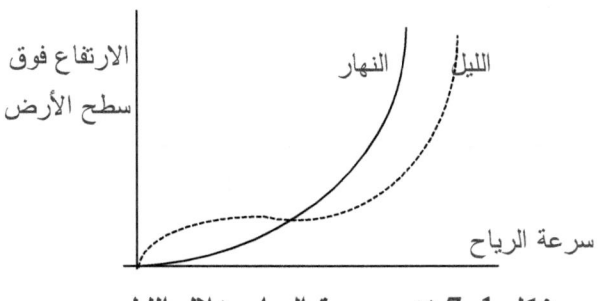

شكل 1-7 تغير سرعة الرياح خلال الليل والنهار

أيضاً ينتج من حركة الهواء فوق سطح الأرض اضطراب ميكانيكي يتأثر بوضع المباني والخشونة النسبية للتضاريس؛ ومن المتوقع المزج الجيد للغلاف الجـوي بالاضـطراب الميكانيكي أثناء فترة الرياح العالية. ويمكن تمثيل أثر الارتفاع علـى سـرعة الريـاح بالقانون الأسي المبين في المعادلة 1-9.

$$\frac{u}{u_1}=\left[\frac{z}{z_1}\right]^{\alpha} \qquad 1-9$$

حيث:

u = سرعة الرياح على المنطقة ذات الارتفاع الأعلى (م/ث)

u_1 = سرعة الرياح على المنطقة الأقل ارتفاعاً (م/ث)

α = ثابت، يتراوح بين 0.14 و 0.4 اعتماداً على خشونة السطح، وتوازن حرارة الغلاف الجوي. والقيمة الغالبة له تساوى $\frac{1}{7}$.

مثال 1-1

سرعة الرياح لارتفاعين 2 و 4 متراً بمقياس الرياح 2.5 و 2.7 متراً/ثانية علـى الترتيب. جد سرعة الرياح لارتفاع 3 أمتار.

الحل

1. المعطيات: $u_o = 2.5$ م/ث، $z_o = 2$ م، $u = 2.7$ م/ث، $z = 4$ م
2. جد مقدار α من المعادلة:

$$\frac{u}{u_o}=\left[\frac{z}{z_o}\right]^{\alpha} : \frac{2.7}{2.5}=\left[\frac{4}{2}\right]^{\alpha}$$

ومنها يمكن إيجاد المقدار $\alpha = 0.11$

3. جد سرعة الرياح لارتفاع 3 أمتار من المعادلة:

$$\frac{u}{u_o}=\left[\frac{z}{z_o}\right]^{\alpha} : \frac{2.5}{u_3}=\left[\frac{2}{3}\right]^{0.11}$$

منها $u_3 = 2.62$ م/ث.

برنامج 1-4:

```
Public Class Form1

    Private Sub Form1_Load(ByVal sender As System.Object,
      ByVal e As System.EventArgs) Handles MyBase.Load
        Label1.Text = "الارتفاع الأول-م"
        Label2.Text = "سرع الرياح م/ث"
        Label3.Text = "الارتفاع الثاني-م"
        Label4.Text = "سرعة الرياح-م/ث"
        Label5.Text = "الارتفاع المطلوب-م"
        Label6.Text = "معامل ألفا"
        Label7.Text = "سرعة الرياح المطلوبة-م/ث"
        Button1.Text = "احسب سرعة الرياح"
        Me.Text = "مثال 1-1"
        Me.FormBorderStyle =
      Windows.Forms.FormBorderStyle.FixedSingle
    End Sub

    Private Sub Button1_Click(ByVal sender As
      System.Object, ByVal e As System.EventArgs)
      Handles Button1.Click
        Dim u, uo, u3 As Double
        Dim z, zo, z3, alpha As Double
        zo = Val(TextBox1.Text)
        uo = Val(TextBox2.Text)
        z = Val(TextBox3.Text)
        u = Val(TextBox4.Text)
        z3 = Val(TextBox5.Text)
        'Calculate alpha:
        '(u/uo) = (z/zo)^alpha
        alpha = Math.Log(u / uo) / Math.Log(z / zo)
        u3 = uo / ((zo / z3) ^ alpha)
        TextBox6.Text = FormatNumber(alpha, 2)
        TextBox7.Text = FormatNumber(u3, 2)
    End Sub
End Class
```

1 - 5 مؤثرات الطبغرافية

يمكن أن يؤثر السطح الطبغرافي على الرياح المحلية. وفي بعض الحالات يكون للتأثير أهمية خاصة مثل النسيم من البحر والبر على السواحل. يتشكل نسيم البحر بسبب

التسخين السريع لليابسة لامتصاصها لأشعة الشمس بينما لا تتغير درجة حرارة البحر في هذه الفترة؛ مما يؤدي إلى ارتفاع نسبي في الضغط الجوي فوق البحر فتبدأ الرياح الهبوب من فوق الماء في اتجاه الساحل. ثم يرتفع الهواء الساخن نسبياً من البر ويحل محله الهواء البارد من البحر. يتكون نسيم البحر (نسيم الساحل) خلال اليوم ليصل إلى قمته خلال منتصف النهار. أما ليلاً فتكون مياه البحر أكثر دفئاً والنسيم من البر البارد للبحر الدافئ؛ ولذلك يكون الضغط الجوي فوق الأراضي الساحلية أعلى نسبياً من الضغط الجوي فوق المياه المجاورة فتهب الرياح في اتجاه البحر. وهذا الانعكاس محلي ولا يكون أثره بعيداً عن ساحل البحر. ومن الآثار الضارة المحتملة لهذه الدورة اليومية لنسيم البحر والبر يتمثل في أن الملوثات المزالة من موقع معين خلال اليوم تعود مرة أخرى ليلاً. وهذه تمثل إسهاماً حقيقياً لمشاكل التلوث في المدن الساحلية الكبرى.

تؤثر طبغرافية الجبال والأودية على الرياح. فخلال اليوم يسخن الهواء المجاور لانحدار الجبل الساخن أكثر من الهواء الأبعد على نفس الارتفاع. وتعمل قوى الطفو النسبية للهواء الساخن بالقرب من سفح الجبل على رفع الرياح أعلى منحدره؛ وينعكس الوضع عند غروب الشمس. ويعمل التبريد بالإشعاع على التقليل السريع لدورة حرارة سفح الجبل والهواء المجاور لينساب هذا الهواء الأقل طفواً أدنى الوادي. وفي حالة وجود مصدر ملوث في الوادي فإن النظام المتغير دوماً للرياح ربما حفظ المنفوثات وحجزها في الوادي. إذ تتحرك خلال اليوم الملوثات أعلى الوادي؛ ولا تلبث أن تعود ليلاً عندما تهب الرياح أسفل الوادي. ومن ثم تزيد تراكيز الملوثات لمستويات خطرة تحت هذه الظروف.

ينبغي قياس تراكيز الملوثات لوضع التشريعات والمعايير والقوانين المتعلقة بنوعية الهواء في منطقة معينة. ومن أهم العوائق في برنامج قياس التراكيز:

(1) تراكيز الملوثات قليلة جداً وبمستويات أقل من 1 ملجم/لتر بالحجم (أو ما يعادل أقل من 1 ملجم/المتر المكعب من الهواء بالوزن).

(2) التداخل الذي قد يحدث عند وجود ملوثين أو أكثر في نفس العينة.

(3) خطورة عدم الحصول على عينة تمثل مصدر التلوث – خاصة عند أخذ عينات غاز المدخنة – ومن ثم يتطلب الأمر أخذ عينة متساوية حركيــاً isokinetically أي أن سرعة الغاز الداخل لجهـاز العيـنة يجـب أن تساوي في المقدار والاتجاه سرعة الغاز في المسار الرئيس له.

(4) الاحتياج إلى تقانات عالية وأجهزة دقيقة للقياس.

(5) طريقة أخذ العينة (ما إن كانت مستمرة أم متفـردة أم متوسـطة) عـبر الزمن.

(6) طريقة التحاليل المتبعة والتقانات المسترشد بها.

1 – 6 طرق قياس الملوثات

يمكن أن تقسم طرق قياس نوعية الهواء إلى التالي {3}:

(1) قياس المنفوثات (أخذ عينات المداخن) والتي تتعلـق بتحليـل المصـادر الثابتة؛ حيث يعمل ثقب في المدخنة وتؤخذ العينة للتحليل في الموقع.

(2) قياس عوامل الأرصاد الجوي: يلجأ إليها عند الاحتياج لمعرفـة كيفيـة وأسباب حركة الملوثات من المصدر للمستقبل.

(3) نوعية الهواء المحيط ambient air متابعة رصد نوعية الهواء تعطي بيانات تعين على التعرف على أي تغيرات في نوعية الهـواء والإنـذار المبكر لأي مشاكل صحية.

إن جمع عينة لقياس نوعية الهواء تمثل معضلة بالنسبة للمتخصص للمشـاكل المتعلقـة بطريقة أخذ العينة وتحضير الوعاء وغيرها من العوامل المؤثرة.

إحدى الطرق المتبعة للحصول على عينة عشوائية grab sample باستخدام الأوعية المفرغة هوائياً ثم تحرير الفراغ عند أخذ العينة الهوائية ومن المحاذير صعوبة التفريـغ الكلي للوعاء واحتمالات تلوثه.

ومن الطرق الأخرى المستخدمة للعينة العشوائية: إدخال فقاعات الغاز في الـمـاء ثـم إزاحة الماء للغازات التي لا تذوب فيه. وتستخدم أكياس البلاستيك والألمونيـوم للعينـة العشوائية بضخ الغاز فيها ثم يسمح بنفاذها عبر ثقب وبإزاحة ثلث أو ثلثي الكيس تقـل درجات التلوث.

عند أخذ عينات من المداخن لتحديد النوعية ومطابقتها للمواصفات، أو معرفـة كفـاءة أجهزة التحكم في الملوثات فهناك احتمال عدم أخذ عينة جيدة التمثيل لواقع الحال. ومن ثم يعمل على المسح الجيد لكمية المنفوثات، ودرجة حرارتها وتركيزها فـي المدخنـة. ويستحب أخذ عينات من مناطق مختلفة متتالية داخل المدخنة.

(أ) قياس الجوامد Particulate matter

معظم الأجهزة المستخدمة لقياس الجسيمات والحبيبات في الهواء عبارة عن نظم تجميع ثم يحلل الوزن أو عدد الحبيبات. ومن أبسط الأجهزة المستخدمة جرة الغبـار dustfull jar. يقوم جهاز الجرة بقياس معدل هبوط الجوامد الخشنة والتي مقاسها أكبر مـ ن 10 ميكرومتر. عادة لا تحمل هذه الحبيبات لمسافات أبعد من كيلومتر واحد لأنها تتعـرض لقوى جاذبية عالية. ومن ثم توضع أجهزة القياس على مسافات قريبة إذا طلب القيـاس المتكامل لمنطقة معينة، ولزمن قياس العينة البالغ 30 يوم؛ وتقـ اس الجوامـد الحبيبيـة بالطن غبار مترسب لكل كيلومتر مربع في فترة 30 يوم.

حلقة الطائر
الجرة اللدنة

شكل 1-8 الجرة اللدنة لقياس الجوامد في الغبار

ولقياس تركيز كتلة الحبيبات الدقيقة ذات القطر الأقل من 10 ميكرومتر تستخدم عينة الحجم العالي high volume sampler باستخدام جهاز شفط؛ لتجمع الحبيبات وتحجز في مرشح. وتتيح هذه الأجهزة أخذ العينات لفترات 24 ساعة وتحليلها بمقياس الثقل النوعي ويوزن المرشح قبل القياس وبعده ليمثل الفرق في الوزن الجسيمات المجمعة لتمثل الحبيبات العالقة الكلية. كما يمكن استخدام شريط ورقي لاصق لتقدير شدة الضوء المار عبر نقطة محددة فيه. وتؤخذ فترة العينات لمدة 7 أيام لتشير لنوعية اتجاه الملوثات الحبيبية. كما يمكن قياس تشتت الضوء نسبة لتأثير الحبيبات الدقيقة مع الرؤية بتشتت الضوء عبر جهاز nephelometer ويمكن تدريج الجهاز في وحدات تمثل نقصان الرؤية حسب كمية الحبيبات.

<u>(ب) قياس ثاني أوكسيد الكبريت</u>

تستخدم الكيمياء الرطبة لقياس تراكيز ثاني أوكسيد الكبريت بالطرق اللونية وذلك بامتصاص كمية من الغاز في محلول 0.1N Sodium Tetrachloromercurate الذي يمنع أي أكسدة ممتدة لثاني أوكسيد الكبريت SO_2 إلى ثالث أوكسيد الكبريت SO_3 بتكوين dichlorosulfitomercurate والذي يتفاعل بعدئذٍ مع الفورملدهايد و bleached pararosaniline ليكون لوناً أرجوانياً محمراً يمكن الكشف عنه بالطرق

الضوئية. وتتناسب شدة لون الصبغ مع تركيز SO_2. وتسمح الطريقة بقياس تراكيز في حدود 0.002 إلى 5 ملجم/لتر في غياب تداخل من الأوزون وثاني أوكسيد النيتروجين. كما يمكن استخدام الطرق الموصلية بإدخال فقاعات من SO_2 في محلول مخفف من حمض الكبريتيك H_2SO_4 وفوق أكسيد الهيدروجين H_2O_2 ويعطي قياس الموصلية إشارة لكمية SO_2 في العينة. تسمح هذه الطريقة بالكشف عن SO_2 بتراكيز في حدود 0.01 ملجم/لتر. كما يمكن استخدام IC والأشعة فوق البنفسجية UV والمطياف الضوئي.

<u>(ج) قياس ثاني أوكسيد النيتروجين</u>

يمكن استخدام طريقة لونية لقياس ثاني أكسيد النيتروجين وذلك بامتصاص فقاعات العينة في كاشف لمدة بضع دقائق لتركيز NO_2، وينتج تفاعل الغاز مع المحلول الماص تغير في اللون يمكن قياسه بجهاز مقياس الشدة الضوئية (المضواء) photometer في غياب تداخل بين الأوزون ونترات البيروكسي أستيل PAN.

<u>(د) قياس أوكسيد النيتروجين Nitric Oxide, NO</u>

يقاس أوكسيد النيتروجين NO بأكسدته إلى ثاني أوكسيد النيتروجين NO_2 بمادة مؤكسدة مثل ثنائي الكرومات أو الأوزون ثم يقاس التركيز بتغير اللون.

<u>(هـ) قياس أول أوكسيد الكربون CO</u>

يقاس أول أوكسيد الكربون باستخدام المطياف non-dispersive infrared spectrometry ويعتمد التحليل على قابلية الغاز CO لامتصاص الأشعة دون الحمراء. وينبغي إزالة أي بخار ماء بجلي السيليكا لدقة القياس. كما يمكن قياس CO اعتماداً على تفاعله مع أوكسيد الزئبق HgO

$$CO + HgO \xrightarrow{210\,oC} CO_2 + Hg$$

أو اعتماداً على تفاعله مع خماسي أوكسيد اليود I_2O_5

$$5CO + I_2O_5 \rightarrow 5CO_2 + I_2$$

(و) قياس الأوزون O_3

من أوائل طرقلقياس الأوزون الطريقة التىاعتمدت على قدرته على تشـــقيق المطـــاط. ويستفاد من هذه الخاصية لملاحظة التشققات التي تحدث لشرائح معـــدة مـــن المطـــاط بطريقة معينة وذات وزن معلوم. كما يمكن قياس الأوزون بتفاعله مع يوديد البوتاسيوم KI وقياس اللون الناتج بالمضواء.

$$2KI + O_3 + H_2O \rightarrow O_2 + KOH + I_2$$

(ز) قياس الهيدروكربونات

تستخدم الشعلة المتأينة flame ionization لإيجاد تركيز الهيدروكربونات الكلية فـ ي الهواء، وقياس موصلية الغاز الناتج. وعند الاحتياج لمعرفة أنـــواع الهيـــدروكربونات وتحديـــدها يمكـــن اللجـــوء إلـــى طريقـــة التحليـــل الكرومـــوتغرافي للغـــاز gas chromatography لفصل العناصر. أما درجة التلوث الناتج من الدخان فيمكن تقديره من خريطة رنقلمان Ringlemann's Chart حيث تقارن كثافة الدخان مع الخارط ة عبر مسافة 3 أمتار. ولا بد من اتباع المواصفات القياســـية المجـ ازة لتحديـــد تراكيـــز الملوثات الهوائية. وينبغي اعتماد طرق محددة كطرق قياسية خاصـ ة عنـــد تفعيـــل أي مواصفة لنوعية الهواء.

1 – 7 طبقات الغلاف الجوي

يحيط الغلاف الجوى بالكرة الأرضية وهو يتكـــون اسلســـاً مـــن غـــازى النيـــتروجين والاوكسجين ويمتد هذا الغلاف الجوى الى عدة الآف من الكيلومـــترات فـــوق ســـطح الأرض وتقل كثافته بالإرتفاع الى درجة كبيرة.

الجزء الأسفل من الغلاف الجوي متعادل كهربائياً ويحوي عدداً قليلاً من الأيونات الحرة ويتكون معظمه من جزيئات. أما الغلاف الجوي العلوي فمتأين جداً. وتتفكك كثير مـــن

غازات الغلاف الجوي السفلي على ارتفاعات عالية في الغلاف الجوي العلوي إلى ذرات منفردة أو شقوق حرة (free radicals) مثل الهيدروكسيل OH. يقسم الغلاف الجوى الى ثلاث طبقات رئيسة تتداخل مع بعضها مما يجعل الفصل بينها تقريبياً وهذه الطبقات هى:

1. التروبوسفير Troposphere: يشكل قاعدة الغلاف الجوي ومغطى بسطح من الحرارة الدنيا يسمى تروبوبوز Tropopause على مستويات بين 10 إلى 17 كيلومتر أعلى سطح البحر. وتتناقص درجة الحرارة مع الارتفاع في طبقة التروبوسفير لأن معظم مصادر الحرارة من الإشعاع الشمسي الممتص على سطح الأرض. ويطلق على معدل نقصان الحرارة "معدل الانقضاء" والذي يبلغ حوالي 5 كلفن لكل كيلومتر. تتراوح درجات الحرارة فى هذه الطبقة بين 50° م الى -80° م وتصل كتلة الهواء فيها الىحوالى 90% من مجمل كتلته فى الغلاف الجوى, وتحوى هذه الطبقة معظم ما يوجد فى الجو من ماء وسحاب وجزيئات وملوثات. يبلغ متوسط ارتفاع هذه الطبقة عن سطح البحر حوالى 11 كيلومتر تقريباً ويزيد ارتفاعهافى المناطق الأكثر حرارة بحيث يصل للى حوالى 18 كيلومتر عند خط الإستواء والى 8 كيلومتر عند القطبين. ان هذه الطبقة هى التي تهمنا عند دراسة الأحوال الجوية والتلوث الهوائى لانها تمثل الميدان المباشر الذى تتبلور فيه معظم الظواهر الجوية والمناخية بل ان التلوث الهوائى يتحدد اساساً بمدى تلوث هذه الطبقة لأنها الطبقة التى تلامس مباشرةً الارض والبحار والأنهار ويوجد بها الإنسان والحيوان والنبات. يحوي التروبوسفير معظم بخار الماء، والسحب، والعواصف في الغلاف الجوي. وتشتد الرياح في طبقة التروبوبوز.
2. الاستراتوسفير Stratosphere: تزداد درجات الحرارة أعلى التروبوبوز مع الارتفاع لتصل أقصاها على ارتفاع 50 إلى 55 كيلومتر في طبقة الاستراتوسفير. والدفء بسبب امتصاص الأشعة فوق البنفسجية من الشمس بوساطة الأكسجين والأوزون. ويوجد معظم أوزون الدنيا في طبقة

الاستراتوسفير حيث قد يربو على 5 جزء من المليون بالحجم. ومن ثم فإن طبقة الاستراتوسفير قاتلة ومهلكة للإنسان. وتوجد كميات قليلة جداً من بخار الماء على هذه الارتفاعات.

3. الميسوسفير Mesosphere: يمتد الميسوسفير من الاستراتوسفير لحوالي 50 إلى 55 كيلومتر على أقل درجة حرارة على ارتفاع 80 كيلومتر في الميسوبوز Mesopause. والميسوسفير إقليم مضطرب وتشتد به الرياح ويوجد القليل جداً من بخار الماء وتكوين السحب به. وتزيد درجات الحرارة بعد الميسوبوز إلى ما لا نهاية للأعلى في الثيرموسفير Thermosphere ذلك الجزء ذي الحرارة الأعلى من الغلاف الجوي.

1 – 8 العوامل المؤثرة على المناخ

تضم أهم عوامل المناخ: التساقط المائي، والرطوبة، ودرجة الحرارة واللتي لها أثر مباشر على البخر والنتح. ويؤثر دوران الأرض على حركة الرياح وتعاقب الفصول. إن تسجيل البيانات لمختلف العوامل المناخية لفترات طويلة يمكن تحليلها اعتماداً على وسائل الإحصاء والاحتمالات للتنبؤ بمتغيرات الطقس. وتجمع البيانات من محطات رصد مجهزة بأجهزة قياسات مختلفة (حالياً الأقمار الصناعية).

(أ) درجة الحرارة Temperature :

درجة الحرارة من العوامل المهمة التي تؤثر على المناخ ودورة الماء وانتقاله وتحوله من صورة لأخرى كما وتؤثر على تفاعلاته المختلفة. و من العوامل المؤثرة على درجة الحرارة: دوائر العرض، والمسطحات المائية، والغطاء النباتي، والتربة، والارتفاع عن سطح البحر، وأثر المدن. تكون درجة حرارة الهواء بالقرب من سطح الأرض أقل منها في المنطقة الواقعة مباشرة أعلى الأشجار وذلك أثناء النهار، لما ليلاً فتعمل الأشجار كأسطح مشعة مما يحجب التربة تحتها من الفاقد الكبير للحرارة، كما ويعمل ظل الأشجار على التخفيض النوعي لأقصى درجة حرارة يومية. ومن المعروف أن درجة الحرارة تقل

مع الارتفاع. أما أثر المدن فيتمثل في أن كمية الحرارة المنتجة يوميا من المدن الكبيرة يعادل ثلث الطاقة الشمسية المشعة التي يمكن أن تصل منطقة مماثلة {4، 5}. تقاس درجة الحرارة بموازينها والتي توضع في صناديق على ارتفاع 1.25 إلى 1.37 متراً فوق سطح الأرض للحماية من التعرض المباشر لأشعة الشمس والأمطار. إن أعلى درجة حرارة تحدث بعد منتصف النهار بحوالي نصف ساعة إلى 3 ساعات وأدناها قبل الشروق، والمتوسط اليومي يساوي المتوسط الحسابي للقراءتين. وتقل درجة الحرارة بمتوسط 6.5 درجة مئوية كل 1000 متر ارتفاع (التدرج الحراري)؛ كما تقل درجة الحرارة بمعدل 10 درجات مئوية كل 1000 متر ارتفاع بسبب هبوط الضغط للهواء الجاف الأديباتى، وعندما يتشبع الهواء تقل الحرارة بمعدل 5.6 درجة مئوية لكل 1000 متر من الارتفاع فوق سطح البحر. وتتأثر درجات الحرارة بخط العرض (تزداد عند خط الاستواء)، والتيارات البحرية، وفصول السنة.

ب) الرياح Wind:

نسبة للاختلافات في الضغط الجوي تهب الرياح والتي تعمل على التحرك الأفقي للهواء. وتتحرك الرياح من مناطق الضغط المرتفع متجهة نحو مناطق الضغط المنخفض، وذلك عند غياب العوامل المؤثرة عليها. ويبين التوزيع العام لمناطق الضغط الجوي للدائم منطقتين تمتازان بمنخفض جوي دائم بالقرب من خط الاستواء (المنخفض الاستوائي) وبالقرب من خطي عرض 60 درجة شمالاً وجنوباً (المنخفض القطبي)، وهناك منطقتين تمتازان بضغط مرتفع دائم وهما عند خطي عرض 30 درجة شمالاً وجنوباً (الضغط الجوي المرتفع فوق المداري)؛ وعند القطبين عند خطي 90 درجة شمالاً وجنوباً (المرتفع الجوي القطبي). وهذه المواقع ليست ثابتة تماماً بل تتحرك شمالاً وجنوباً تبعاً لحركة الشمس الظاهرية وهذا مما يحكم مسارات الرياح الرئيسة في العالم خاصة فوق المحيطات ويبين شكل 1-9 رسم تقريبي لمناطق الرياح الرئيسة في العالم.

ش 90

ش 80   الرياح القطبية الشمالية الشرقية
ش 70   المرتفع الجوي القطبي
ش 60   المنخفض الجوي تحت القطبي

ش 50   الرياح الغربية
ش 40
ش 30   المرتفع الجوي فوق المداري

ش 20   الرياح التجارية الشمالية الشرقية
ش 10
     المنخفض الاستوائي

ج 10   الرياح التجارية الجنوبية الشرقية
ج 20
ج 30   المرتفع الجوي فوق المداري

ج 40   الرياح الغربية
ج 50
ج 60   المنخفض الجوي تحت القطبي

ج 70   الرياح القطبية الجنوبية الشرقية
ج 80
ج 90   المرتفع الجوي القطبي

شكل 9-1 رسم توضيحي لمناطق الرياح الرئيسة في العالم

تتأثر سرعة الرياح بأي تغيرات تطرأ على الضغط. ولمعرفة مناطق الضغط يمكـن استخدام قانون بز بالوت Buys Ballot ، الذي ينص على أن "منطقة الضغط المنخفض في الجزء الشمالي من الكرة الأرضية تقع شمال المشاهد الواقف موليا ظهره للرياح، وتقع على يمينه في الجزء الجنوبي من الكرة الأرضية، وذلك نتيجة لتأثير دوران الأرض" {5}. أما قياس الرياح وشدتها فيتم باستخدام مقياس الرياح Anemometer . ويحـدد اتجـاه الرياح باستخدام دوارة الرياح Wind Vane. ولا بد من تحديد الارتفاع عن سطح البحر

عند عمل أي قياس للرياح وذلك نسبة لعوامل الاحتكاك الأرضية والمسطحات المائية التي تهب عبرها الرياح.

(جـ) الرطوبة والرطوبة النسبية والندى Humidity, Relative humidity, & Dew point:

إن كل غاز يبذل ضغط غاز جزئي من غير أن يتأثر بالغازات الأخرى في أي خليط من الغازات . وبالنسبة للماء يطلق على هذا الضغط الجزئي المبذول بوساطة بخار الماء "ضغط بخار الماء" أو ضغط البخار. وإذا نُزح كل الماء من هواء رطب بداخل وعاء مغلق، يصبح ضغط الهواء الجاف أقل من الضغط الكلى للهواء الرطب كما مبين في المعادلة 1-10.

$$e = P - P' \qquad 1-10$$

حيث:

e = ضغط البخار (بار)[2]

P = الضغط الكلى للهواء الرطب

P' = ضغط الهواء الجاف

الرطوبة النسبية

إن أقصى قيمة لبخار الماء (الذي يمكن أن يوجد على أي حيز) تعتمد على درجة الحرارة، ولا تعتمد (عملياً) على وجود الغازات الأخرى. ومن ثم فعند حجز أقصى كمية من بخار الماء (على درجة حرارة معلومة) في حيز معين يصبح هذا الحيز مشبعا به. ويطلق على هذا الضغط المبذول بالبخار في الحيز المشبع "ضغط البخار المتشبع". وتعرف نسبة ضغط البخار الحقيقي إلى ضغط البخار المتشبع بالرطوبة النسبية Relative humidity . ومن ثم يمكن تعريف الرطوبة النسبية على أنها: نسبة محتوى الندى في حيز ما إلى محتوى

[2] 1 بار = 1000 مللبار = 10^5 باسكال = 10^5 نيوتن/م^2؛ ا ملم زئبق = 1.36 مللبار

الندى الذي يمكن أن يحتويه الحيز عند التشبع {4، 6}. وتبين المعادلة 1−11 طريقة تقدير الرطوبة النسبية.

$$h = 100 \times \frac{e}{e_s} \qquad 1\text{-}11$$

حيث:

h = الرطوبة النسبية (%)

e = ضغط البخار الحقيقي

e_s = ضغط البخار المتشبع. ويمكن إيجاد قيمة e_s العددية من جدول (م – 1) في المرفقات.

وتوضح الرطوبة النسبية h قدرة الهواء على امتصاص رطوبة إضافية عند درجة حرارة معينة.

نقطة الندى

أما درجة الحرارة التي يتشبع عندها الحيز عندما يبرد الهواء تحت ضغط وضغط بخار ثابتين فيطلق عليها نقطة الندى Dew point . وتعرف نقطة الندى أيضا على أنها درجة الحرارة التي يتساوى عندها ضغط البخار المتشبع وضغط البخار الحقيقي {7، 8}

قياس الرطوبة:

يستخدم مقياس الرطوبة Psychrometer لتحديد قيمها. ويتكون مقياس الرطوبة من مقياسي درجة حرارة، أحدهما ذي مستودع مغطى بنسيج نظيف ومشبع بالماء. ثم يوضع مقياس درجة الحرارة في منطقة جيدة التهوية. ومن المتوقع أن تقل قراءة الترمومتر الرطب المغطى عن قراءة الترمومتر الجاف بسبب البخر. ويعرف هذا الفرق في القراءتين بالانخفاض في البصيلة الرطبة Wet-bulb depression . وبالمقارنة مع جداول مناسبة يمكن تقدير نقطة الندى والرطوبة النسبية وضغط البخار{5،6،8،9}.
ويمكن قياس الرطوبة بإحدى الطرق التالية{6، 10}:

(1) طريقة وزن البخار: وينزع في هذه الطريقة بخار الماء من حجم معين من الهواء ثم يوزن، وذلك بتمرير هواء رطب عبر مجفف حبيبي desiccant. . وتعبر الزيــــادة الناتجة في وزن المادة المجففة عن وزن البخار الموجود في الهواء.

(2) طريقة نقطة الندى: يتكون جهاز قياس نقطة الندى من كوب مصقول يحوى ســـائل طيار (مثل الإيثر Ether) ويبرّد سطح الكوب بتمرير تيار من الهواء عبر الســـائل، ليقوم بدوره بتبريد بخار الماء الملامس للكوب. وعند تكوين نقطة الندى يتكاثف الماء في الكوب. وتسجل درجة الحرارة المقابلة بغمر ترمومتر في السائل. وتؤخذ نقطـــة الندى على أنها درجة الحرارة المتوسطة بين تلك التي يظهــر فيهــا التكــثيف خلال التبريد ودرجة الحرارة التي يختفي فيها التكثيف عندما تتم تدفئة السائل مرة أخــرى. وتوجد مكونات البخار للهواء حينئذ من جداول تعطي وحدة الوزن لبخار الماء المشبع لدرجات حرارة مختلفة.

(3) استخدام جهاز قياس الرطوبة Psychrometer: يتيح هذا الجهاز التحكم في طريقة تهوية مقاس درجة الحرارة.

(4) الهيجرومتر Hygrometer أو جهاز الألياف المسترطبة (التي تمتص الرطوبة من الهواء) (hygroscopic fibres): تزيد هذه الألياف (مثل الشعر) في طولها بزيادة الرطوبة النسبية، وتنكمش بنقصانها. وبمعايرة متأنية يمكن عمل مجموعة من هــذه الألياف ملامسة لذراع مؤشر لتسجيل الرطوبة النسبية.

أما قيمة بخار الماء عند درجة حرارة معينة فيمكن إيجادها من المعادلة 1−12.

$$e_W - e = \gamma (t - t_W) \qquad 1\text{-}12$$

حيث:

e_W = ضغط الغاز الجزئي لمقياس الحرارة الرطب

e = ضغط الهواء

t_W = درجة حرارة مقياس الحرارة الرطب (درجة الحرارة الرطبة)

t = درجة الحرارة الجافة

γ = ثابت جهاز قياس الرطوبة

بافتراض أن سرعة الهواء عبر بصيلة مقياس الحرارة تزيد عن 3 م/ث، ودرجة الحرارة مقدرة بالتدرج المئوي، و e مقدرة بالمللبار فإن $\gamma = 0.66$، وبالنسبة لقيمة eالمقدرة بالمليمتر زئبق فإن قيمة{11، 4} $\gamma = 0.85$

مثال 1-2

كتلة من الهواء درجة حرارتها °20.1م ورطوبتها النسبية 75 %. جد التالي:

(أ) ضغط البخار المتشبع

(ب) ضغط البخار الحقيقي

(جـ) العجز في التشبع

(د) نقطة الندى.

الحل

1- المعطيات: $T = 20.1°$م، $h = 75\%$

2- جد من الجداول قيمة ضغط البخار المتشبع لدرجة حرارة °20.1م (مرفق رقم 1)

قيمة ضغط البخار المتشبع $e_s = 17.64$ ملم زئبق

3- بتعويض المعطيات في $h = 100*e/e_s$ جد ضغط البخار الحقيقي:

$$75 = 100 \times e \div 17.64$$

ضغط البخار الحقيقي $e = 13.23$ ملم زئبق.

4- جد العجز في التشبع كما يلي:

العجز في التشبع: $e - e_s = 17.53 - 13.23 = 4.41$ ملم زئبق.

5- جد نقطة الندى على أنها درجة الحرارة التي يتساوى عندها قيم كل من e_s و e.

وبما أن: $e_s = 13.23$ ملم زئبق فعليه يمكن إيجاد درجة الحرارة، ومن ثم يمكن إيجاد نقطة الندى من الجداول ولقيمة $e_s = 13.23$ ، نقطة الندى = °15.5م

برنامج 1-2:

```
Public Class Form1
    '***********************************
    'Table from appendix (1)
    '***********************************
    Dim Table(,) As Double =
        {
            {-10, 2.2, 0, 0, 0, 0, 0, 0, 0, 0, 0},
            {-9, 2.3, 2.3, 2.29, 2.27, 2.26, 2.24, 2.22,
2.21, 2.19, 2.17},
            {-8, 2.5, 2.49, 2.47, 2.45, 2.43, 2.41, 2.4,
2.38, 2.36, 2.34},
            {-7, 2.7, 2.69, 2.67, 2.65, 2.63, 2.61, 2.59,
2.57, 2.55, 2.53},
            {-6, 2.9, 2.91, 2.89, 2.86, 2.84, 2.82, 2.8,
2.77, 2.75, 2.73},
            {-5, 3.2, 3.14, 3.11, 3.09, 3.06, 3.04, 3.01,
2.99, 2.97, 2.95},
            {-4, 3.4, 3.39, 3.37, 3.34, 3.32, 3.29, 3.27,
3.24, 3.22, 3.18},
            {-3, 3.7, 3.64, 3.62, 3.59, 3.57, 3.54, 3.52,
3.49, 3.46, 3.44},
            {-2, 4.0, 3.94, 3.91, 3.88, 3.85, 3.82, 3.79,
3.76, 3.73, 3.7},
            {-1, 4.3, 4.23, 4.2, 4.17, 4.14, 4.11, 4.08,
4.05, 4.03, 4},
            {-0, 4.6, 4.55, 4.52, 4.49, 4.46, 4.43, 4.4,
4.36, 4.33, 4.29},
            {0, 4.6, 4.62, 4.65, 4.69, 4.71, 4.75, 4.78,
4.82, 4.86, 4.89},
            {1, 4.9, 4.96, 5, 5.03, 5.07, 5.11, 5.14,
5.18, 5.21, 5.25},
            {2, 5.3, 5.33, 5.37, 5.4, 5.44, 5.48, 5.53,
5.57, 5.6, 5.64},
            {3, 5.7, 5.72, 5.76, 5.8, 5.84, 5.89, 5.93,
5.97, 6.01, 6.06},
            {4, 6.1, 6.14, 6.18, 6.23, 6.27, 6.31, 6.36,
6.4, 6.45, 6.49},
            {5, 6.5, 6.58, 6.54, 6.68, 6.72, 6.77, 6.82,
6.86, 6.91, 6.96},
            {6, 7.0, 7.06, 7.11, 7.16, 7.2, 7.25, 7.31,
7.36, 7.41, 7.46},
            {7, 7.5, 7.56, 7.61, 7.67, 7.72, 7.77, 7.82,
7.88, 7.93, 7.98},
```

```
        {8, 8.0, 8.1, 8.15, 8.21, 8.26, 8.32, 8.37,
8.43, 8.48, 8.54},
        {9, 8.6, 8.67, 8.73, 8.78, 8.84, 8.9, 8.96,
9.02, 9.08, 9.14},
        {10, 9.2, 9.26, 9.33, 9.39, 9.46, 9.52, 9.58,
9.65, 9.71, 9.77},
        {11, 9.8, 9.9, 9.97, 10.03, 10.1, 10.17,
10.2, 10.31, 10.38, 10.45},
        {12, 11, 10.58, 10.66, 10.72, 10.79, 10.86,
10.9, 11.0, 11.08, 11.15},
        {13, 11, 11.3, 11.38, 11.75, 11.53, 11.6,
11.7, 11.76, 11.83, 11.91},
        {14, 12, 12.06, 12.14, 12.22, 12.96, 12.38,
12.5, 12.54, 12.62, 12.7},
        {15, 13, 12.86, 12.95, 13.03, 13.11, 13.2,
13.3, 13.37, 13.45, 13.54},
        {16, 14, 13.71, 13.8, 13.9, 13.99, 14.08,
14.2, 14.26, 14.35, 14.44},
        {17, 15, 14.62, 14.71, 14.8, 14.9, 14.99,
15.1, 15.17, 15.27, 15.38},
        {18, 15, 15.56, 15.66, 15.76, 15.96, 15.96,
16.1, 16.16, 16.26, 16.36},
        {19, 16, 16.57, 16.68, 16.79, 16.9, 17.0,
17.1, 17.21, 17.32, 17.43},
        {20, 18, 17.64, 17.75, 17.86, 17.97, 18.08,
18.2, 18.31, 18.43, 18.54},
        {21, 19, 18.77, 18.88, 19.0, 19.11, 19.23,
19.4, 19.46, 19.58, 19.7},
        {22, 20, 19.94, 20.06, 20.19, 20.31, 20.43,
20.6, 20.69, 20.8, 20.93},
        {23, 21, 21.19, 21.32, 21.45, 21.58, 21.71,
21.8, 21.97, 22.1, 22.23},
        {24, 22, 22.5, 22.63, 22.76, 22.91, 23.05,
23.2, 23.31, 23.45, 23.6},
        {25, 24, 23.9, 24.03, 24.2, 24.35, 24.49,
24.6, 24.79, 24.94, 25.08},
        {26, 25, 25.45, 25.6, 25.74, 25.89, 26.03,
26.2, 26.32, 26.46, 26.6},
        {27, 27, 26.9, 27.05, 27.21, 27.37, 27.53,
27.7, 27.85, 28.0, 28.16},
        {28, 28, 28.49, 28.66, 28.83, 29.0, 29.17,
29.3, 29.51, 29.68, 29.85},
        {29, 30, 30.2, 30.38, 30.56, 30.74, 30.92,
31.1, 31.28, 31.46, 31.64},
        {30, 32, 32.0, 32.19, 32.38, 32.57, 32.76,
33.0, 33.14, 33.33, 33.52}
    }
```

```vbnet
Const row_count = 42
Const col_count = 10

'**********************************************
'Find water vapor pressure from Appendix (1)
'**********************************************
Private Function find_pw(ByVal t As Double) As Double
    Dim i As Integer
    'get the integer only
    Dim t1 As Integer = Math.Floor(t)
    'get the fraction and convert it to integer
    Dim t2 As Integer = (t - t1) * 10
    For i = 0 To row_count - 1
        If Table(i, 0) = t1 Then
            Return Table(i, t2 + 1)
        End If
    Next
    'Temp not in table?
    Return -1
End Function

Private Sub Form1_Load(ByVal sender As System.Object,
  ByVal e As System.EventArgs) Handles MyBase.Load
    Label1.Text = "درجة الحرارة مئوية"
    Label2.Text = "الرطوبة النسبية"
    Label3.Text = "ضغط البخار المشبع-ملم/زئبق"
    Label4.Text = "ضغط البخار الحقيقي-ملم/زئبق"
    Label5.Text = "العجز في التشبع-ملم/زئبق"
    Label6.Text = "نقطة الندى مئوية"
    Button1.Text = "احسب الضغط"
    Me.Text = "مثال 1-2"
    Me.FormBorderStyle =
  Windows.Forms.FormBorderStyle.FixedSingle
End Sub

Private Sub Button1_Click(ByVal sender As
  System.Object, ByVal e As System.EventArgs)
  Handles Button1.Click
    Dim T, h, es, e1, n As Double
    Dim ediff As Double
    T = Val(TextBox1.Text)
    h = Val(TextBox2.Text)
    es = find_pw(T)
    If es = -1 Then
        MsgBox("الرجاء اختيار حرارة بين 10- و30.",
            vbOKOnly Or vbInformation)
        Exit Sub
```

```vb
            End If
        e1 = (h * es) / 100
        ediff = Math.Abs(e1 - es)

        Dim i, j As Integer
        'give a dummy value
        n = 31
        For i = 0 To row_count - 1
            For j = 1 To col_count - 1
                'found a match?
                If Table(i, j) = e1 Then
                    n = Table(i, 0) + ((j - 1) / 10)
                    Exit For
                End If
                If Table(i, j) < e1 Then
                    'last column in row?
                    If j = col_count - 1 Then
                        'Any more rows?
                        If i < row_count - 1 Then
                            If Table(i + 1, 1) > e1 Then
                                n = Table(i + 1, 0)
                                Exit For
                            End If
                        End If
                    Else
                        If Table(i, j + 1) >= e1 Then
                            n = Table(i, 0) + ((j - 1) / 10)
                            Exit For
                        End If
                    End If
                End If
            Next
        Next
        'did we find n?
        If n = 31 Then
            TextBox6.Text = "لم يتم العثور على قيمة"
        Else
            TextBox6.Text = FormatNumber(n, 1)
        End If
        TextBox3.Text = FormatNumber(es, 2)
        TextBox4.Text = FormatNumber(e1, 2)
        TextBox5.Text = FormatNumber(ediff, 2)
    End Sub
End Class
```

(د) الإشعاع Radiation:

إشعاع الطاقة الحرارية من الشمس هو المصدر الأول للطاقة اللازمة لاستمرار دورة المياه الطبيعية {6،8،9،12}. وتوفر الشمس حوالي 99.97 بالمائة من الحرارة المستخدمة في الأرض لكل العمليات الطبيعية {2}. ولا يمكن تخزين هذه الطاقة لكن يسهل امتصاص بعضها في شكل طاقة حرارية عبر الغلاف الجوي للأرض. ويعتمد هذا الامتصاص للطاقة الحرارية بوساطة الغلاف الجوي على عدة عوامل منها: طول موجة أشعة الطاقة، ومكونات الغلاف الجوي، ودرجة الحرارة، والانعكاسات من وإلى الجزئيات والحبيبات المنتشرة. في المتوسط يتوزع الإشعاع الشمسي على النحو التالي {2}:

(1) 17 بالمائة يمتص بوساطة السحب وبخار الماء وثاني أكسيد الكربون ولتسخين الغلاف الجوي مباشرة.

(2) 30 بالمائة ينعكس مرة أخرى من السحب ليكون الغازات الجوية والحبيبات.

(3) 53 بالمائة تصل إلى الأرض وثلثا هذه القيمة في شكل ضوء شمسي مباشر ويمكنه تكوين ظلال والبقية تنتشر (اللون الأزرق للسماء واللون الرمادي للسحب أثناء النهار).

ويمكن قياس الإشعاع بأجهزة قياسه المختلفة (Actinometer and Radiometer) والتي يمكن تصنيفها على النحو التالي:

- أجهزة قياس الإشعاع المباشرة Pyrheliometer: تقوم هذه الأجهزة بقياس شدة الإشعاع الشمسي المباشر.
- أجهزة قياس الإشعاع القصير Pyranometer: تعمل هذه الأجهزة على قياس الإشعاع الشمسي ذو الموجات القصيرة.
- أجهزة قياس الإشعاع الطويل Pyrgeometer: تقوم هذه الأجهزة بقياس الإشعاع الشمسي ذو الموجات الطويلة.
- أجهزة قياس الإشعاع الكلي Pyrradiometer: تقوم هذه الأجهزة بقياس كل موجات الإشعاع الشمسي.

- أجهزة قياس الإشعاع الإجمالي Net Pyrradiometer: تقوم هذه الأجهـــزة بقياس موجات الإشعاع الشمسي الإجمالية.

(هـــ) التكثيف Condensation:

يقود تكثيف بخار الماء في الغلاف الجوي إلى تكوين السحب في غالب الأحيـــان. وربمـــا أدت هذه السحب إلى هطول الأمطار. أما أهم الأسباب التي تؤدى إلى تكثيف البخر فيمكن إدراجها في التالي{6، 13}:

- التبريد الديناميكي أو التبريد الأديباتي Dynamic or adiabatic cooling: في هذا النوع من التبريد لا تضاف حرارة من مصادر خارجية.
- التبريد باختلاط الكتل الهوائية: هنا يحدث خلط لكتلتين من الهواء على درجـــات حرارة مختلفة.
- التبريد بالتلامس.
- التبريد بالإشعاع.

ومن الملاحظ أن التبريد بالتلامس والتبريد بالإشعاع يؤدي إلى حدوث الندى والجليـــد والثلج والضباب.

الباب الثاني
مصادر تلوث الهواء

2 - 1 الملوثات الهوائية

يمكن تقسيم الملوثات الهوائية طبقا لمصادرها إلي ملوثات من مصادر طبيعية وملوثـــات ذات منشأ صناعي. كما يمكن تقسيم هذه المصادر على حسب تكوينهـا الكيميــائي إلـي ملوثات عضوية وغير عضوية. وهنالك تقسيم ثالث ينبثق من حالة المادة مـا إن كـانت غازية أم صلبة{6، 14}. (أنظر شكل 2-1).

61

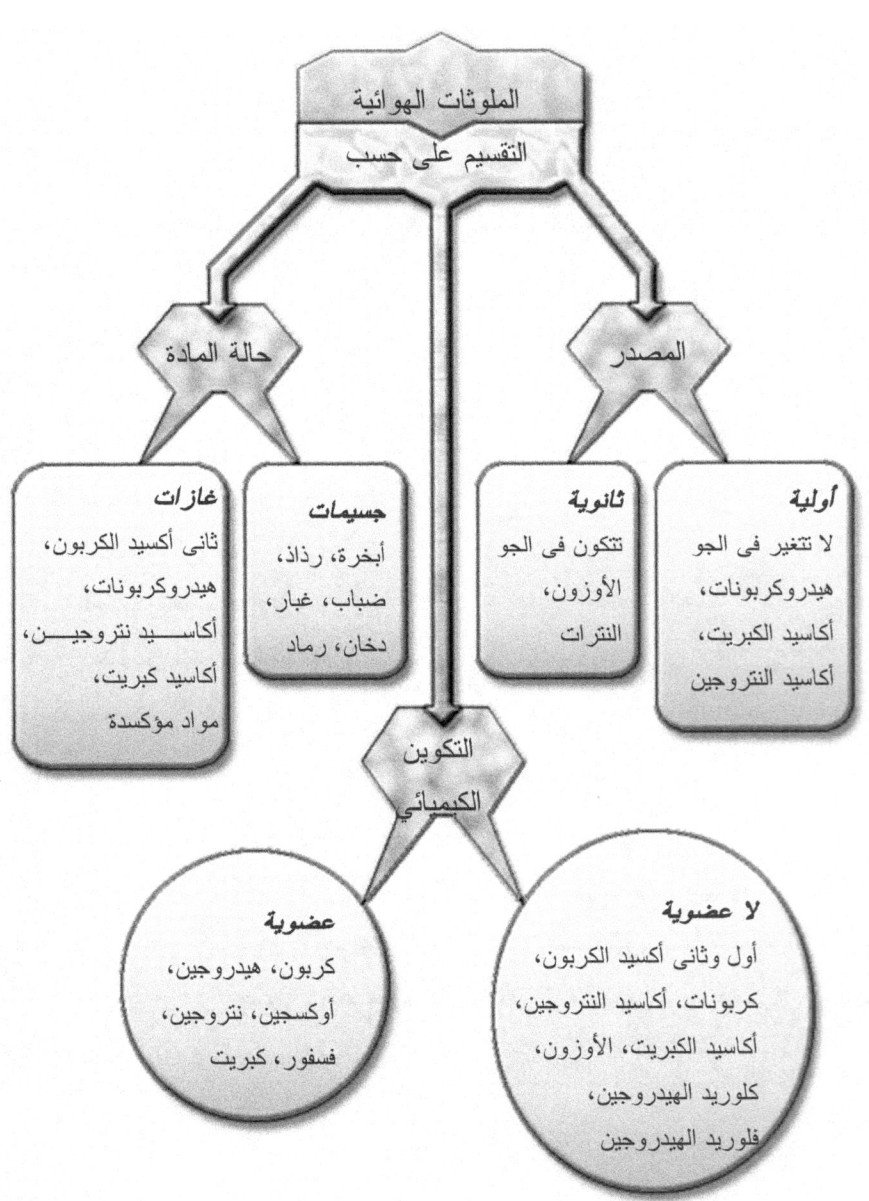

شكل 2 – 1 أقسام الملوثات الهوائية

2 – 2 المصادر الطبيعية

أما الملوثات الهوائية النابعة من المصادر الطبيعية Natural sources فتضم الهبـاء، والغبار، والأتربة، والرمل (خاصة في المناطق الجافة أو الصحراوية)، وحبيبات للـدخان (الناتجة من الحرائق وثورات البراكين)، والأبخرة، ومكونـات المتحوصـلات Spore formers، والغازات الناتجة من التحلل اللاهوائي للمواد العضوية (مثـل: أول أكسـيد الكربون، وكبريتيد الهيدروجين والميثان)، والضباب (خاصـةفـي المنـاطق الرطبـة المنخفضة)، والهيدروكربونات في شكل تربين Terpenes من أشجار الصنوبر {6، 10، 14}. تمثل ثورة البراكين مصدراً طبيعياً مركزاً لكافة أنواع الغازات والجسيمات. وعلى سبيل المثال في ثورة بركان Mount S. Helens في 18 مايو 1980 قدرت المنفوثات بحوالي 4 كيلومتر مكعب أو ما يعادل 10 بليون طن من المواد الصلبة للغلاف الجـوي. وتتراوح الحبيبات في حجمها من جلاميد إلى حبيبات صغيرة الحجم 0.001 ميكرومـتر. وطاقة الثورة البركانية عادة كافية لدفع الغازات والجسيمات الصغيرة عبر طبقات الغلاف الجوي السفلية إلى طبقة الاستراتوسفير حيث تقل عمليات الإزالة الطبيعية، ومن ثم تظـل الحبيبات عالقة في الغلاف الجوي لفترات زمنية طويلة جداً.

2 – 3 المصادر المنزلية Domestic Sources

في المناطق السكنية تنتج المنفوثات الهوائية الملوثة من جراء النشاط المنزلـي بصـورة كبرى ويبين الجدول 2-1 {1} بعض المناشط وأنواع الملوثات الصادرة عنها.

جدول 2-1 بعض المناشط وأنواع الملوثات الصادرة عنها {1،2}

المنشط	الملوثات المنفوثة
الغسيل	الحبيبات المنظفة، وجسيمات الصابون، ونسالة
التدفئة	أول وثاني أكسيد الكربون CO_2 ،CO، وأكاسيد النتروجين NO_X، وأكاسيد الكبريت SO_X، وسناج، والدخان (عند حرق الوقود الطمري)
الطبخ	دهون وشحوم (صلبة، سائلة، أبخرة)، وجسيمات، وروائح
النظافة	أبخرة المذيبات، وغبار، ونسالة، وروائح
البستنة	مبيدات، وأسمدة (بعضها سام جداً)
الطلاء	أبخرة المذيبات
الغسيل	حبيبات المنظف، وحبيبات صابون، ونسالة

أيضاً ينتج من النشاطات المنزلية والتجارية النفايات الصلبة، وينفث من الحرق غير المقنن للنفايات حبيبات وغازات. غير أن الممارسة الحالية هي الترميد (أو الحرق المقنن) والدفن الصحي للنفايات حيث يعاد استخدام غاز الميثان الناتج من التفاعلات الحيوية داخلها.

2 - 4 المصادر التجارية Commercial Sources

تضم المصادر التجارية للملوثات الهوائية الصناعات الخدمية العلمة؛ ومن الأمثلة: النظافة الجافة للملابس حيث تتبخر كل المذيبات المستخدمة في العملية للغلاف الجوي مثل فوق كلور الايثلين Perchlorethylene (هيدروكربون مكلور) والهيدروكربونات البسيطة. ومن المصادر التجارية الأخرى المطاعم والفنادق والمدارس والمطابع والطلاء والمستشفيات ومعظم الملوثات البلاستيكية. ومعظم هذه اللدائن عبارة عن هيدروكربونات مكلورة تطلق الكلور حال الحرق؛ والذي يتحلل في الغلاف الجوي بسرعة ليكون حمض الهيدروكلوريك الملوث الحارق جداً وللذي يضر أيضاً بالخضراوات الحساسة في تراكيز قليلة؛ كما يضيف لمشاكل الأمطار الحمضية.

2 - 5 المصادر الزراعية

من أهم المصادر الزراعية للملوثات الهوائية المسالخ وعمليات تغذية الحيولنات؛ فمثلاً إنتاج الدواجن للحوم يتمركز في عمليات ضخمة جداً ربما احتوت الحظائر فيه على مئات الألوف من الطيور في موقع واحد. وتشير الملاحظات للجسيمات المنفوثة خلال نظم التهوية إلى أن 40 بالمائة من الجسيمات أقل من 5 ميكرومتر في قطرها الديناميكي الهوائي؛ وهذا الحجم يؤثر على الجهاز التنفسي. ومثال آخر إطلاق جسيمات من القطن خلال جمعه وتصنيعه بكميات كافية قد تؤدي إلى مشاكل في التنفس في المناطق السكنية المجاورة لمراكز الحلج، أما في مزرعة القطن فإن التعرض لهذه الحبيبات من عمليات جمع المحصول وإلى الأمونيا المستخدم كسماد يمثل مخاطر صحية وخيمة. وفي كثير من المناطق يموت عدد لا يستهان به من المزارعين سنوياً نتيجة للتعرض للغاز الناتج من السلوة Silo (مبنى أسطواني خشبي أو أسد منتي ع الٍ محكم الإغلاق يحفظ فيه علف الدواب)، أو ثاني أكسيد النيتروجين NO_2. وتنفث أيضاً كمية من الجسيمات من تحميل السيارات ونقل القمح والذرة في الحقول. وتمثل المبيدات الحشرية والعشبية مشاكل من نوع خاص بسبب سميتها ومقاومتها للتفتت؛ وتشير بعض السجلات الطبية إلى علاقة لستخدام DDT والدال درين Dieldrin وتوكسافين Toxaphene ومايركس Mirex وسداسي كلورو البنزين ... إلخ بالأمراض السرطانية.

2 - 6 المصادر الصناعية

تضم الملوثات الهوائية الناتجة من المصادر الاصطناعية Anthropogenic أكاسيد الكبريت، وأكاسيد النتروجين، والهيدروكربونات، وأول أكسيد الكربون، والمواد العالقة. وعادة تنتج هذه الملوثات من وسائل النقل (مثل سيارات الاحتراق للداخلي والطائرات والقطارات والمواخر)، وحرق الوقود من المصادر الثابتة ومحطات توليد الطلقة الكهربائية، والصناعات القائمة (مثل الصناعات الكيميائية وصناعة الورق وتكرير النفط وصناعة الفلزات وصناعة الأسمنت والأسبستس والمحاجر والصناعات البتروكيميلئية

وغيرها من الصناعات) والتخلص من النفايات والمواد الصلبة (من المصـــادر المنزليـــة والتجارية والصناعية والزراعية) والحرائق، .. الخ. ويوضح جدول 2-2 بعض الأمثلة للملوثات المهمة ومصادرها الرئيسة.

يسهل مراقبة الملوثات من المصادر الصناعية لنفثها من مداخن محددة وواضحة مما يسهل معه اتخاذ الاحتياطات والمحاذير وأنماط المكافحة المجدية للحد من مخاطرها.

جدول 2-2 أمثلة لأهم الملوثات الغازية ذات المنشأ الصناعي{2، 3، 6، 7، 10، 15، 16}

الملوث	المصدر	أهم الخواص
ثاني أكسيد الكبريت SO_2	محطات توليد الكهرباء، ومصافي أو محطات تكرير النفط، وصناعات الحديد والصلب، وصناعة الورق، وصناعة الكبريتيت، وحرق الفحم والنفط وزيت الوقود، وتنقية المعادن وصهرها وسباكتها.	غاز عديم اللون، رائحة قوية نفاذة، شديد الذوبانية في الماء ليكون حمض الكبريتوز H_2SO_3
ثالث أكسيد الكبريت SO_3	مصانع إنتاج حمض الكبريتيك، وإنتاج الطوب (الطابوق) الصناعي، وحرق الوقود.	يذوب في الماء ليكون حمض الكبريتيك
الكبريت والكبريتيد	محطات توليد الطاقة، وعمليات صهر المعادن.	
الدخان، الغبار، والأتربة	صناعات الحديد، ومحطات توليد الكهرباء، والمسابك، وصناعة الأسمنت.	
أول أكسيد الكربون CO	احتراق الوقود، وتبخر أكاسيد المعادن، وسيارات الغازولين، وإنتاج الحديد الزهر، وحرق الوقود.	غاز عديم اللون وعديم الرائحة
ثاني أكسيد الكربون CO_2	احتراق الوقود.	غاز عديم اللون وعديم الرائحة
أكاسيد النتروجين (الأزوت) NO_X	مصانع إنتاج حمض النتريك، وتوليد الكهرباء، والحديد والصلب، والأسمدة، والحرق تحت الحرارة العالية، وتنظيف المعادن، والمتفجرات، وإنتاج حمض الكبريتيك	أكسيد النتروز N_2O غاز عديم اللون، يستخدم كغاز حامل في زجاجات الهباء، أكسيد النتريك NO غاز عديم اللون، ثاني

		أكسيد النيتروجين NO_2 غاز بني إلى برتقالي اللون
الأمونيا (النشادر)	مصانع إنتاج النشادر والأسمدة.	
الهيدروكربونات المكلورة	محطات التنظيف والتجفيف.	
ميركبتانات	تكرير النفط وتصفيته.	
أكاسيد الخارصين	استخراج النحاس.	
هيدروجين الكلور، الكلور	مصانع إنتاج الكلور، وإنتاج الأمونيا، وإنتاج الكروم، ومحطات تنقية المياه ومحطات معالجة المياه العادمة.	
سيانيد الهيدروجين	طلاء المعادن، وأفران الصهر، وأعمال الصباغة.	
فلور الهيدروجين	تصفية النفط (عامل مساعد)، وصناعة الزجاج، واستخراج السيليكات، وناتج ثانوي ند الإنتاج الإلكتروليتي للألمونيوم.	غاز عديم اللون، غاز لاذع
كبريتيد الهيدروجين H_2S	مصانع الورق، ومحطات نظافة الغاز، ومحطات تكرير النفط، ومصانع إنتاج الألياف (مثل الرايون rayon).	له رائحة البيض الفاسد في درجات التركيز القليلة، عديم الرائحة في درجات التركيز العالية
المواد العضوية المتطايرة VOC	صناعات النفط والغاز الطبيعي، وعمليات السفلتة، والطلاء، والمنظفات، وصناعة البلاستيك واللدائن، والمطاط.	

2 - 7 المصادر ذات الصلة بالنقل

يعتبر النقل من العوامل المؤثرة في نفث الملوثات الهوائية وتعزى إليه ثلث المنفوثات الكلية من المواد العضوية المتطايرة (معظمها هيدروكربونات) وأكاسيد النيتروجين والرصاص، ويمثل أول أكسيد الكربون (من الحرق غير المكتمل) ثلثي المنفوثات الكلية. غير أن التحكم فيها وصل مراحل جيدة في الصناعة.

يمثل شكل 2-2 مخطط لعناصر إنتاج الملوثات ونفثها من ماكينة غير متحكم فيها وبها مكربن carburetor ونظام إشعال الشرارة spark ignition.

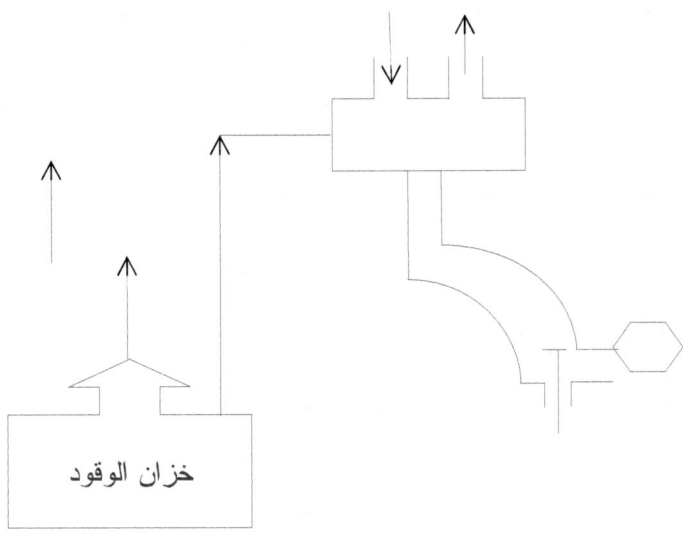

شكل 2-2 مخطط لعناصر انتاج الملوثات ونفثها من ماكينة غير متحكم فيها وبها مكربن ونظام إشعال الشرارة

أما تقسيم الملوثات الهوائية على حسب المصدر فيمكن تقسيمها إلي ملوثات أولية ولأخرى ثانوية. تضم الملوثات الأولية تلك المواد التي تنفث مباشرة إلي الغلاف الجوى وتظل بالهيئة والشكل الذي نفثت فيه دون أن يطرأ عليها أي تغير. ومن أمثلة هذه الملوثات: أكاسيد الكبريت SO_X، وأكاسيد النتروجين NO_X، والهيدروكربونات HC. أما الملوثات الثانوية فتمثل تلك الملوثات المتكونة في الغلاف الجوى بفعل التفاعلات الكيميائية الضوئية Photochemical reactions أو بوساطة الحلمأة (التحلل بالماء Hydrolysis) أو بالأكسدة، ومن أمثلة هذه الملوثات: الأوزون ونترات البيروكسى أستيل (PAN) ، {6، 10، 14}

تضم المركبات العضوية الكربون والهيدروجين، كما وتحتوى على عناصر أخرى مثل الأوكسجين والنتروجين والفسفور والكبريت. ومن أمثلة هذه الملوثات: الهيدروكربونات، والألدهيد، وحمض الكاربوكسيل، والكحول، والاستر، والإيثر، والأمينات. أما المواد غير العضوية فتتمثل في أول وثاني أكسيد الكربون، وأكاسيد الكبريت، وللنتروجين، والأوزون، وكبريتيد وفلوريد الهيدروجين.

ويضم تقسيم حالة المادة الجسيماني Particulate المواد (سائلة أو صلبة) الناعمة المنتشرة (مثل: الأبخرة والدخان والأتربة والرماد والرذاذ والضباب)، بالإضافة إلى الجسيمات المترسبة من الغلاف الجوى. ويتكون الغبار Dust من جسيمات صلبة صغيرة تنشأ أثناء تحطيم بعض الكتل الكبيرة، أو أثناء عمليات السحق أو التهشيم أو الكسر أو الطحن أو النسف أو التفجير، أو بسبل مباشرة عن طريق نقل المواد (مثل الفحم والأسمنت)، أو نتيجة لعمليات ثانوية ميكانيكية (مثل نشر الأخشاب)، أو كمتبقي من عمليات ميكانيكية (مثل صهر الرمل). ولا ينتشر الغبار بسرعة، غير أنه يتعلق في الهواء أو مع الغازات الأخرى. وأحيانا يترسب الغبار تحت تأثير قوى الجاذبية الأرضية. ويقدر مقاس جسيمات الغبار بين 1 إلي 10000 ميكرومتر {6، 14}. ويمثل الدخان Smoke الجسيمات الصلبة الناعمة الناتجة من الاحتراق غير الكامل للمواد العضوية (مثل: الفحم والخشب والتبغ). ويتكون الدخان من الكربون (كعنصر أساس) بالإضافة إلي بعض العناصر الأخرى. وعادة يتراوح قطر حبيبات الدخان بين 0.5 إلي 1 ميكرومتر {6، 10، 14}. أما الأبخرة Fumes فهي عبارة عن جسيمات صلبة ناعمة، غالبا من الأكاسيد المعدنية الفلزية (أكاسيد الخارصين وأكاسيد الرصاص). وتتكون الأبخرة من جراء تكثف أبخرة المواد الصلبة. وربما نتجت الأبخرة من تسامى المعادن أو تكلسها أو صهرها. ويتراوح مقاسها بين 0.03 إلي 0.3 ميكرومتر. ويمكن تخثر الأبخرة وترسيبها. يتكون الرذاذ Mist من الحبيبات أو القطيرات السائلة المتكونة من تكثيف البخار، أو من جراء انتشار السائل، أو من تفاعلات كيميائية معينة (مثل: تكوين رذاذ حمض الكبريتيك) عادة يكون قطر حبيبات الرذاذ أقل من 10 ميكرومتر. عندما يزيد تركيز الرذاذ لدرجة كبيرة تعوق الرؤية يطلق عليه اسم الضباب fog.

وبالإضافة لما ذكر آنفاً فقد قد توجد أحياء مجهرية منتشرة في الغلاف الجوى، مثل الحيوانات الأوالي والبكتريا والحمات (الفيروسات) والطحالب والفطريات. عادة تقل فترة عيش هذه الأحياء المجهرية في الغلاف الجوى نسبة لنقصان المواد الغذائية فيه، ووجود الأشعة فوق البنفسجية المنبثقة من الشمس والتي تعمل على القضاء عليها. غير أن هنالك أنواع من البكتريا والفطريات يمكنها التحور في شكل متحوصلات دقيقة مما يمكنها من العيش لمدة أطول وتحت ظروف قاسية {10}.

الباب الثالث

آثار تلوث الهواء

3 - 1 مقدمة

إن بعض الغازات والمركبات (مثل: ثاني أوكسيد الكبريت، وكبريتيد الهيدروجين، والكبريتات) قد توجد طبيعيا بنسب قليلة في الهواء الجوى. وتزداد المشاكل المترتبة على تلوث الهواء نتيجة لازدياد درجة تركيز المواد الملوثة المنبعثة أو المنتشرة فيه. ويزيد من درجات تركيزها المناشط الصناعية وازدياد الكثافة السكانية.، أو قد تزداد قيمها بصورة طبيعية (مثلا يتكون كبيرتيد الهيدروجين عند التحلل الحيوي للمواد العضوية). ويعتمد هذا التأثر على عدد من العوامل المختلفة والمتداخلة مع بعضها البعض مثل: العوامل المناخية السائدة (مثل: درجة الحرارة، والرطوبة، وسرعة الرياح السائدة بالمنطقة)، وتكدس الصناعات، ومواصفات المداخن المستخدمة لنفث الملوثات (بالتركيز على طول المدخنة،

وسرعة تدفق الغازات منها)، والطبغرافية المحلية للمنطقة، ونوع المادة الملوثة وتركيزها، والكثافة السكانية، والمتغيرات الثقافية والاجتماعية والبيئية والاقتصادية بالمنطقة.

وقد يترتب على مشاكل تلوث الهواء أضرار صحية أو مشاكل نفسية أو خسارة اقتصادية. ومن أهم الغازات والمواد الملوثة أكاسيد النتروجين، وأكاسيد الكربون، وأكاسيد الكبريت، والمواد العالقة (انظر شكل 2–1).

يصعب حصر الآثار السالبة والمدمرة للملوثات الهوائية غير أنه يمكن إجمالها في التالي:

(1) ضرر على الممتلكات: حيث تلامس الملوثات الهوائية المباني والمنشآت وغيرها من الممتلكات مما يقود إلى تغيرات فيزيائية أو تفاعلات كيميائية حسب تكوين الملوث وخواصها؛ وتقود زيادة الرطوبة إلى زيادة هذه التفاعلات مما ينتج عنه تصدع في المباني وتشوهات أو تفتت للمواد والمنشآت. وتتفاوت الأضرار حسب نوع الملوثات وخواصها وكميتها؛ فمثلاً الجسيمات الملوثة من للدخان والغبار والأبخرة والضباب تتراكم على الأسطح وتتلف الطلاء والملابس عبر مقدرتها الذاتية للتآكل أو بوجود مواد كيميائية أكالة ممتزة فيها أو عليها، والحبيبات الماصة للرطوبة والمحتفظة بها hygroscopic الملوثة تزيد من التآكل خاصة في وجود مركبات حاوية على الكبريت. ويضر وجود ثاني أكسيد الكبريت المؤكسد في حبيبات الماء المباني والتماثيل المصنعة من الرخام والحجر الجيري، كما وتتآكل المعادن بفعل ثاني أكسيد الكبريت مثل الحديد والنحاس والخارصين والحديد الصلب، ويتآكل الألمونيوم رغم مقاومته لثاني أكسيد الكبريت تحت ظروف الرطوبة العالية. ويمتص الجلد بسهولة ثاني أكسيد الكبريت مما يفقده متانته ومن ثم يتفكك في نهاية المطاف، ويزيل ثاني أكسيد الكبريت اللون عن للورق. أما المواد المؤكسدة الكيميائية الضوئية فتزيد من التعرية.

(2) أضرار على النباتات: تؤدي الملوثات الهوائية إلى تغير محتويات الهواء مما قد يقود إلى ترسب الملوثات على أوراق النباتات والأشجار وتعمل على انسداد وقفل مساماتها الشيء الذي يحد من نمو النباتات. وعلى سبيل المثال ينفث الفلورمن

عمليات الألمونيوم والزجاج والفوسفات والأسمدة وصناعة الطين بكميات كبيرة مما يؤثر على النباتات ويضر في ثمارها وأزهارها مما قد يقلل من قيمة النباتات؛ ويؤثر الفلور على النبات بدرجات تركيز أقل كثيراً من القيم الضارة بالإنسان وقد يأتي الفلور بالدغموس fluorosis بدرجات تركيز قليلة على الحيوانات التي تأكل الأعشاب والأشجار والحشائش التي تحوي الفلور.

(3) حجب الضوء: يؤدي التلوث الهوائي إلى تكوين الضباب والغيم والضبخان الشيء الذي يمنع الرؤية ويعيق الإبصار مما يؤثر على الحركة والنقل ويؤدي إلى حدوث الكوارث وزيادة حوادث المرور.

(4) تفشي الأمراض: قد تؤدي الملوثات الهوائية إلى تفشي أمراض معينة للإنسان والحيوان خاصة أمراض الجهاز التنفسي، والتسمم بغاز ما أو حبيبات معينة.

(5) أضرار على الحيوانات: تدخل الملوثات للحيوانات عبر عدة طرق: بأكلها لنباتات ملوثة، أو عبر التنفس، أو لحس أو تنظيف الريش والجلد أو بترسب الملوثات على جلدها أو أعينها مما يقود إلى حدوث أمراض للجهاز التنفسي، والحسلسية للجلد والعيون، والأمراض السرطانية.

3 - 2 أكاسيد النيتروجين Nitrogen oxides:

يمكن أن تنتج أكاسيد النتروجين من محطات توليد الطاقة والمصانع ومن احتراق الغازات داخل المركبات النفطية ومن الأكسدة الكهركيميائية. وينتج أكسيد للنتروجين NO من الأكسدة الحرارية للنيتروجين الجوى كما موضح في المعادلة التالية والتي تعتمد بشدة على درجة الحرارة

$$N_2 + O_2 = 2NO$$

إن أوكسيد النيتروجين غاز عديم اللون وغير مهيج، لكن يمكن أكسدته إلي ثاني أوكسيد النتروجين NO_2. أما أكاسيد النيتروجين الصادرة من محطات توليد الطاقة والمصانع فينتج عنها ثاني أوكسيد النيتروجين NO_2 (ذي اللون البني إلي البرتقالي) والذي له آثار وخيمة على الصحة العامة حتى عند درجات التركيز القليلة. وربما أتلف ثاني أوكسيد النيتروجين الرئة، كما وأنه سام وتعادل سميته أربعة أضعاف سمية حامض النتريك، وتبدأ

السمية على درجة تركيز 0.05 ملجم/لتر. كما ويحطـم ثـاني أوكسـيد النيتـروجين الكلوروفيل (اليخضور) وعليه يغير لون أوراق النبات من الأخضر إلــي الأصـفر أو الأبيض في درجات تركيز 2 إلي 3 ملجم/لتر، وربما يحد من نمو النبات. كما وأن أكاسيد النيتروجين والهيدروكربونات (الناتجة من احتراق الغازات داخـل المركبـات النفطيـة) تتأكسد كيميائياً مع غازات الهواء عند وجود ضوء الشمس لتكون عـدداًمـن الملوثـات المختلفة الثانوية والمؤكسـدة (المؤكسـدات الكيميائيـة الضـوئية photochemical oxidants). وهذه الملوثات الثانوية هي الأكثر خطراً وضرراً على صحة الإنسـان {1} (انظر جدول 3-1). وقد تؤدى هذه الملوثات إلي تكوين الضبخان Smog، أو الحد من الرؤية، أو تهيج العيون، أو إلحاق أضرار بالجهاز التنفسي. أما الأكسدة الكهروكيميائيـة فينتج عنها غازات مثل: الأوزون وثاني أكسيد النتروجين والبيروكسي استيلنيتريت. ومن آثار هذه الملوثات: زيادة تكرار الإصابة بداء الربو، وتهيج العيـون، وتقليـل الكفـاءة الرياضية للفرد، وأضرار تصيب رئة الطفل، وربما تسببت في حدوث بعض الأمـراض المسرطنة{6،7،10}.

جدول 3-1 أثر ثاني أكسيد الكبريت على الناس {1}

التركيز (ملجم/لتر)	الأثر
0.2	أقل تركيز يؤدي لتجاوب من الناس
0.3	معيار التعرف على الطعم
0.5	معيار التعرف على الرائحة
1.6	معيار حاث لانقباض الشعب الهوائية عكسي على الأشخاص السويين
8 إلى 12	يؤدي لتهيج فوري للحنجرة
10	يؤدي لتهيج العيون
20	يؤدي لكحة فورية

3 - 3 المواد العالقة Suspended solids

عادة تعمل شعيرات الأنف على حجز معظم الحبيبات العالقة المستنشقة (ذات القطر الذي يربو عن 10 ميكرومتر) من الدخول إلي الجهاز التنفسي. بينما تجد الحبيبات ذات الحجم الأصغر (تلك التي يقع قطرها بين 2 إلي 3 ميكرومتر) طريقها للرئة، حيث تمتصها خلايا معينة وتعمل على حملها إلي الجهاز الليمفاوي. وتعتمد درجة ترسيب المواد العالقة في الجهاز التنفسي على حجم الحبيبات وشكلها وكثافتها. ومن الآثار الضارة للأتربة والحبيبات الصغيرة الحجم: تسببها في داء الربو والنزلات الشعبية، وقد تزيد من مخاطر التهابات الرئة، وتهيج العيون والجهاز التنفسي، وتحد من الرؤية في درجات تركيز 25 ملجم/لتر. وتؤثر درجات تركيز 200 ملجم/لتر على صحة الإنسان {6،7،10،16}.

3 - 4 أكاسيد الكبريت Sulfur oxides

ثاني أوكسيد الكبريت SO_2 غاز لا لون له، وله رائحة نفاذة، وسريع الذوبان ليكون حمض الكبريتيت Sulfurous acid H_2SO_3، وقد يجد طريقه بسهولة لدم الإنسان عند استنشاقه، ومن ثم يؤثر على الجهاز التنفسي ويهيجه حتى عند درجات التركيز القليلة. وربما أدى هذا الغاز إلي الموت خاصة عند الأشخاص الذين يعانون من أمراض القلب أو التهابات الرئة وأمراضها، وربما أهلك كذلك كبار السن إذا شاء الله تبارك وتعالى. وقد ينتج عن زيادة تركيز ثاني أكسيد الكبريت داء الربو والنزلات الشعبية. كما وأن بعض أنواع النسيج تتأثر بالتلوث الهوائي ومثال لذلك تأثر النيلون عند تعرضه لغاز ثاني أكسيد الكبريت. أما أكاسيد الكبريت الأخرى فقد ينجم عنها أمراض القلب، والمشكلات النفسية لدى الأطفال، كما وأنها تتلف المحاصيل في درجات تركيز 0.03 ملجم/لتر. وثنائي كبريتيد الكربون سام للأعصاب، وقد تنتج منه اضطرابات نفسية، وخدر، وفقدان للوعي {1،6،7،16}. (انظر جدول 3-1).

3 - 5 كبريتيد الهيدروجين Hydrogen sulfide, H_2S:

غاز كبريتيد الهيدروجين له رائحة البيض الفاسد على درجات التركيز القليلة، ولا رائحة له في درجات التركيز العالية. ينتج غاز كبريتيد الهيدروجين من جراء التفتيت الحيوي للمواد العضوية (خاصة في محطات المعالجة)، وعند التنقيب عن الغاز الطبيعي أو النفط. ويستخدم الغاز في الصناعة مثلاً لإنتاج عنصر الكبريت، أو حمض الكبريتيك، أو لإنتاج الماء الثقيل (والذي يستخدم كمهدئ للنيوترونات في محطات الطاقة النووية). وغاز كبريتيد الهيدروجين غاز مهيج حساس، وسام جداً وقاتل عند التعرض لدرجات تركيز عالية منه. ومن الخواص الأخرى للغاز أنه لا لون له، ويذوب في عدة سوائل مثل: الماء، والكحول، والأيثر، والكربونات القلوية، والبيكربونات. وهذا الغاز ضار بالجهاز العصبى، ومهيج للجهاز التنفسي عند استنشاقه، ومهيج للعيون، كما وأنه سريع الامتصاص بواسطة الدم داخل الرئة. وفي بداية التعرض للغاز تؤدى الكمية المستنشقة إلي سرعة التنفس (Hyperpnoea)، والتي يتبعها خمول وعدم نشاط في الجهاز التنفسي (Apnoea). أما في درجات التركيز العالية فقد يؤدى الغاز إلي الشلل الفوري. وربما ترتب على استنشاق الغاز موت المصاب من جراء الاختناق (Asphyxia) ما لم يتم إسعافه عن طريق التنفس الصناعي وما فتئ القلب نابضاً وبمشيئة الله تبارك وتعالى. وربما أدى وجود غاز كبريتيد الهيدروجين إلي حدوث حالات من القيء والصداع وفقدان الشهية والأرق عند تواجده بنسب بسيطة في البيئة المحيطة {6،7،14،15}.

3 - 6 أول أكسيد الكربون Carbon monoxide, CO:

غاز أول أكسيد الكربون سام، ولا لون له ولا رائحة، وهو نتاج لعمليات حرق غير مكتملة. تزداد كمية أول أكسيد الكربون في الجو نتيجة العمليات الصناعية أو بوساطة الطرق الطبيعية. ومن أمثلة الطرق الصناعية المنتجة لأول أكسيد الكربون: الاحتراق غير الكامل للمواد النفطية (خاصة من عادم السيارات) واحتراق المخلفات الصناعية. ومن أمثلة الطرق الطبيعية: البخار، وأكسدة غاز الميثان، وللثورات البركلنية، والحرائق، والعواصف الرعدية. ويزداد تركيز هذا الغاز في عادم السيارات خاصة عند ساعات

الذروة. ومن العوامل المؤثرة: طبغرافية المنطقة والمباني وحالة الطقـس. وغـاز أول أكسيد الكربون سام جدا نسبة لقابلية اتحاده مع هيمجلوبين للـدم Hb مكود أ كربوكسي هيمجلوبين.

$$HbO_2 + CO \leftrightarrow HbCO + O_2$$

ومن المعلوم أن لهيمجلوبين الإنسان شره لأول أكسيد الكربون أكثر من الأكسجين بحوالي 210 مرة مما يعيق من نقل الأكسجين. وهذا المركب المتكون أكثر ثبات ١ مـن الأكسـي هيمجلوبين بما يربو عن المائتي ضعف، ويؤثر سلبا على الجزئيات والكريات الحاملة للدم، وربما قاد إلي أضرار وخيمة طبقا لحالة الإنسان الصحية، ومدة التعرض، ودرجة تركيـز الغاز. وتكوين كربوكسي الهيمجلوبين HbCO يقلل فعلياً من كمية الهيمجلوبين المتـاح لحمل الأكسجين لخلايا الجسم. أيضاً يقلل أول أكسيد الكربون من إطلاق الأكسجين للخلايا عبر منع تحلل الأكسي همجلوبين HbO2 إلى هيمجلوبين Hb وأكسجين O2 مما ينتج عنه نقص أكسجين الانسجة oxygen starvation, anoxia رغماً من حمل الدم لكميات كبيرة من الأكسجين ربما أكثر من احتياجاته {1}.

يبين جدول 3-2 ملخص المستويات التقريبية لكربوكسي هيمجلوبين HbCO (مقارنة مع الكربوكسي هيمجلوبين HbCO والأكسي هيمجلوبين HbO2 الكلي) التي تحـدث فيهـا أعراض مختلفة.

جدول 3-2: الآثار الصحية لمستويات الكربوكسي هيمجلوبين في الدم {1}

الأثر	مستوى الكربوكسي هيمجلوبين في الدم HbCO (%)
لا تلاحظ أعراض، هناك بعض التأكيد لضغط نفسي	صفر إلى 10
صعوبة تنفس عند الإجهاد والعمل	10 إلى 20
صداع	20 إلى 30
ضعف في العضلات وإغماء ودوخة	30 إلى 40

صعوبة في النطق وقابلية للانهيار	40 إلى 50	
اختلاجات	50 إلى 60	
غيبوبة عميقة coma إذا طالت فترة التسمم	60 إلى 70	
وفاة فورية	80	

والمتغير الوحيد الأكثر هيمنة لزيادة تركيز HbCO في الدم هو تدخين السجائر. وتقدر كمية CO الداخل للرئة من جراء تدخين السجائر حوالي 400 ملجم/لتر ورغماً عـن أن هذه المستويات لا تقود إلى أعراض إكلينيكية غير أن لها صلة بضرر أداء الدماغ وآثـار على الإبصار وغيرها من المضار العملية.

ومن آثار الغاز الضارة: مخاطر لمرضى القلب عند درجات تركيز 30 ملجم/لتر، وتلـف الجهاز العصبي الرئيس، وتقليل مقدرة الدم لحمل الأكسجين، وضغط الدم، ولأثـره علـى المرأة الحامل (الشيء الذي ربما أتى بمولود ناقص الوزن والنمو) وربما أدى للوفاة بسبب انعدام الأكسجين. ويبين الجدول 3-3 بعض الآثار الفسيولوجية لأول أكسيد الكربون.

جدول 3-3   بعض الآثار الفسيولوجية لأول أوكسيد الكربون{6، 7، 10، 17}

درجة التركيز (ملجم/لتر)	الآثار والمخاطر المتوقعة
100	مسموح به لعدة ساعات
400 إلي 500	لا توجد مخاطر بعد مضى ساعة واحدة
600 إلي 700	بعض الأثر بعد مضى ساعة
1000 إلي 1200	آثار سيئة ولكن لا تنجم عنها أعراض خطرة بعد مضى ساعة
1500 إلي 2000	خطرة عند التعرض لمدة ساعة
4000 أو أكثر	شديدة الخطورة في مدة أقل من ساعة

ويمكن تلخيص الأضرار والمشاكل التي قد تحدث من جراء التلوث الهوائي في النقاط المذكورة أدناه {6، 7، 14، 15، 17}:

- مضايقات ومشاكل استساغة: مثل عدم وضوح الرؤيا، والروائح الكريهة.
- مشاكل اقتصادية واجتماعية: مثل: زيادة معدل تلوث الملابس والأقمشة، وتلف الأثاثات والجسور وغيرها من المنشآت (مما ينتج عنه زيادة تكاليف الإصلاح والصيانة والإزالة)، أو تلف المحاصيل (ومن العوامل المؤثرة في هذا المنحى درجة وحساسية النبات للتلوث، وخصائص الملوثات ودرجة التركيز وزمن التلوث)، ومرض أو نفوق الحيوانات النافعة والأليفة عند تعرضها لملوثات طبيعية أو مصنعة مثل ثاني أكسيد الكبريت والغازات الحمضية (مما يضر بالاقتصاد القومي).
- مخاطر أثرية: إذ قد يؤدى التلوث الهوائي إلي زيادة عوامل تعرية الحجارة في المنشآت، وتفتت المنشآت الأثرية والتاريخية والتراثية وتهديد بقاء التراث القومي.
- أضرار أمنية: مثال لذلك الزيادة المطردة في معدلات حوادث السير والمرور (البري والبحري والجوي) الناتجة من جراء عدم وضوح الرؤية (أو انعدامها) بسبب التلوث الهوائي.
- مشاكل صحية: هذه المشاكل تتعلق بالأحياء من إنسان أو حيوان. وقد تحدث هذه المشاكل على المدى القصير أو تظهر آثارها على المدى المتوسط أو الطويل.

ويبين جدول 3-4 المخاطر والآثار الصحية لبعض الملوثات والغازات.

جدول 3-4 الآثار الصحية لبعض الملوثات والغازات {6، 7، 10، 16}

الغاز أو الملوث	المخاطر الصحية
الرصاص	يتراكم في الجسم، ربما أتلف مهمة هيمجلوبين الدم.
الهيدروكربونات	تولد الضباب الدخاني، وتؤثر على الرؤية عند درجات تركيز 0.15 إلي 0.25 ملجم/لتر، وتعد مواد مسرطنة، تبطئ من نمو النبات.
الأسبستس	يسبب مرض الأسبستس، وربما أتى ببعض الأمراض السرطانية.

البيريوليوم	يتلف الرئة، ويأتي بمرض البرليوسس عند درجات تركيز تربو على 0.01 ملجم/لتر.
الأيثر	مخدر وسام وربما أتى ببعض الأمراض السرطانية.
الفلور	ينزع تكلس العظام ومهيج للجزء العلوي من الجهاز التنفسي ومهيج لقرنية العين وصداع وموت.
فلوريد الهيدروجين	تسمم الماشية بالفلور ومركباته ومهيج قوى ومضر لكل خلايا الجسم ويضر الحمضيات والنباتات ويؤثر على أسنان وعظام الحيوانات
الكلور	مهيج للعيون والجهاز التنفسي.
سيانيد الهيدروجين	يؤثر على الخلايا العصبية.
الجسيمات	زيادة التفاعلات الكيميائية، وانخفاض الرؤية، وأوساخ، وتؤثر على الجهاز التنفسي، وأمراض القلب، وتغيير نظم الجسم الدفاعية للمواد الغريبة، وضرر لخلايا الرئة، وسرطان، وأنفلونزا، وربو.
ثاني أكسيد الكبريت	رائحة، ويغير اللون الفضي للأسود، وضار للنبات، وصعوبة في التنفس، وأمراض الجهاز التنفسي وضرر للرئة، وموت، وتلف الألوان والأقمشة والورق والجلود.
الأوزون	يزيد من سرعة دمار المطاط والمواد المصنعة، والدموع، والكحة، ويزيل لون الأسطح العلوية من أوراق النبات والحشائش، ويتلف الأقمشة، ويسارع من تشقق المطاط.
أكاسيد النيتروجين NO, NO$_2$	مهيج للرئة، والتهاب الصدر، ويتلف أوراق النباتات، ومهيج للعيون والأنف، وتآكل المعادن.

بعض أمثلة الأمراض التنفسية ذات الصلة بالتلوث الهوائي مبينة في جدول 3-5.

جدول 3-5 أمراض تنفسية من التلوث الهوائي {1}

المرض	العنصر المسبب له
التسمم السليكي (سُحار سيليكي)[3] Silicosis	التعامل مع الصخور، ومصانع الأسمنت
الجمرة[4] Anthrax	التعامل مع الجلود
سُحَار قطني Byssinosis	غبار القطن
داء الربو Asthama	ضبخاب ودخان
تدرن، سل Tuberculosis	غبار الفحم
داء الأميانت (الأسبست) Asbestosis	غبار الأسبستس
حَدَدَ الرئة (حُداد)[5] Siderosis	غبار الحديد
التنحُّس Chalosis	حبيبات الرصاص
التسمم بالرصاص Plumbosis	أبخرة الرصاص
Bagasosis	البقاس أو غبار قصب السكر

للملوثات داخل المباني دور أساسي في كثير من المناطق. وقد تزداد تراكيز الملوثات داخل المباني إلي ضعف أو خمسة أضعاف درجات تراكيزها خارجها {18}. وتضم هذه الملوثات أول أكسيد الكربون وأكاسيد النتروجين وأكاسيد الكبريت والمواد الصلبة الصغيرة والأسبستس والأوزون والراديوم المشع. وتنتج هذه الملوثات من أجهزة الاحتراق، وتدخين السجائر والتبغ، ومواد البناء، والأثاثات البلاستيكية، والستائر، ومواد التبريد، والأصباغ، والمنظفات وغيرها من مستحدثات الصناعة.

---

[3] داء رئوي متميز بقصر النفس ناشئ عن تنشق متطاول لغبار السليكا

[4] مرض مهلك من أمراض الماشية وقد يصاب به الإنسان

[5] مرض يصيب الرئة من تنشق دقائق الحديد وما إليها

- مخاطر نباتية: تتفاوت الآثار الناتجة من الملوثات الهوائية على النباتات طبقاً لعوامل مختلفة ومتداخلة فيما بينها. ومن هذه العوامل: نوع النبات وعمره ومدى تأثره بالملوثات، وتركيز الملوث والزمن اللازم لإحداث الأعطال. فمثلا إنتاج الأثلين – من عادم السيارات واحتراق الغازات الطبيعية وبعض الصناعات الكيميائية – يؤثر في أداء الهرمونات والإنزيمات النباتية، أو يحد من النمو، أو يغير فيه خاصة في الألياف والزهور، ومن أمثلة ذلك تلف الطماطم عند تعرضها للأثيلين لمدة 48 ساعة في درجة تركيز 0.1 ملجم/لتر. وكذلك تؤثر مبيدات الحشائش في إتلاف الأوراق كما يحدث عندما يتعرض القطن أو العنب لمبيد 2،4-د (D-2,4) بتركيز يقارب جزء في المليون. ومن المعلوم أن حساسية النبات للملوثات الهوائية أكثر من تلك الموجودة عند الحيوان، مما حدا بجعلها معيارا للتكهن ومعرفة مدى التلوث وشدته. وتتفاوت حساسية النباتات للتلوث طبقا لنوع النبات، فمثلا ربما كان من الأجدى التحول من زراعة نبات الألفا ألفا (أبو سبعين) لزراعة القمح عند وجود كميات كبيرة من ثاني أكسيد الكبريت إلي نبات آخر يلائم التلوث الموجود أو يساعد على التخلص منه {10}.

3 – 7 الأمطار الحمضية: Acid rain

تزداد درجة التلوث الهوائي في بعض المناطق الصناعية مما يزيد معه تراكيز الغازات الحامضية مثل ثاني أكسيد الكبريت SO_2، وأكاسيد النتروجين NO_X. وبعد إطلاق هذه الغازات في الغلاف الجوى يتم تحويلها إلي كبريتات ونترات، والتي تتحد مع الماء لتكون أحماض الكبريتيك والهيدروكلوريك المخففة. ومن ثم تعود إلي الأرض في شكل ندى أو ضباب أو ضبخان أو رذاذ أو قطقطية (طبقة جليدية رقيقة) أو ثلج أو أمطار مكونة الأمطار الحمضية Acid Rains . عادة تكون الأمطار النقية حمضية بعض الشيء، إذ لها رقم هيدروجيني في حدود 5.6. وهذا ناتج بسبب الاتزان بين مياه الأمطار وثاني أكسيد الكربون الموجود بالهواء، والذي تتم إذابته لدرجة معينة في التساقط لينتج محلول مخفف من حمض الكربونيك. أما في حالة الأمطار الحمضية فقد يصل الرقم الهيدروجيني

إلي 4 أو 3 في بعض الأحوال النادرة. يضيف ثاني أكسيد الكربون CO_2 أيضاً لحمضية الأمطار غير أن هذا الغاز يؤثر على الاحتباس الحراري بصورة أكبر.

تعتبر الأمطار الحمضية مشكلة إقليمية أو قارية أكثر منها عالمية. وأهم منتجات الأمطار الحمضية ثاني أكسيد الكبريت SO_2 وأول أكسيد النيتروجين NO.

تتحد أكاسيد الكبريت مع الماء في الغلاف الجوي لتكون حمض الكبريتيك H_2SO_4 في ظرف ساعات.
أما ثالث أكسيد الكبريت SO_3 فيمكن أيضاً أن يتحد مع أكاسيد في الغلاف الجوي ليكون الهباء الكبريتي Sulfuric aerosols والتي ربما تمثل 5 إلى 20 بالمائة من الجوامد العالقة في المدن وهذه المركبات يمكنها الانتقال لمسافات شاسعة وتعد من أهم مكونات الترسبات الحمضية.

تتفاوت نسبة الأمطار الحمضية من منطقة لأخرى طبقا لعدة متغيرات منها: حجم الملوثات الهوائية وكميتها بالمنطقة، وعدد المناطق الصناعية وحجمها وكفاءتها، والغطاءين المائي والنباتي بالمنطقة, وطبغرافية وجغرافية وجيولوجية المنطقة، وعوامل الطقس والمناخ (مثل الرياح والحرارة والرطوبة والبخر)، وعدد السكان والكثافة السكانية، والنظم المتبعة للتقليل من نفث الملوثات إلي الغلاف الجوى والحد منها.

ومن الآثار الضارة للأمطار الحمضية ما يلي: {2، 6، 10، 16}

- تقود إلى ذوبانية المعادن السامة
- تؤدى إلي تآكل المنشآت والمباني وتحاتها.
- تهدد المصادر المائية وما بها من كائنات حية (حيوانية ونباتية).
- أضرار بالإنسان ومنتجاته الزراعية والصناعية وما يمتلكه من حيونات وغابات.
- تدني كميات الثروة السمكية حيث تشير بعض الدراسات {2} إلى حساسية بعض أسماك السلمون المرقط trout والسالمون للرقم الهيدروجيني القليل

الذي يؤثر على عمليات تكاثرها وأحياناً يؤدي إلى تشوهات في هياكلها؛ كما تقود الحمضية لإذابة بعض المواد المؤثرة عليها.

- إذابة المعادن (مثل الرصاص والنحاس) من أنابيب الماء البارد والساخن.

- زيادة ذوبانية المعادن السامة في الماء الجوفي، لاسيما وتتكون المياه الجوفية ببطء من المياه السطحية المنسابة عبر الصخور والتربة. وعندملتـزداد حامضية المياه الجوفية يتطلب الوضع أن تعمل البلديات (المعتمدة في شربها على هذا المصدر) على موازنة الماء لدرجة مقبولة. أما سكان الريف فعادة يستهلكون المياه الجوفية مباشرة دون التفكر في أمر الموازنـــة المطلوبـــة، ويقود هذا الوضع إلى زيادة تركيـز المـواد الموجـودة مثـل الرصـاص والخارصين والألمونيوم والمعادن الثقيلة مما قد يؤثر على الصحة العامـــة، ويقود إلى الكثير من المشاكل الصحية، وما يتبعها من عواقب وخيمة.

- أضرار على السياحة ومناطق الترفيه والاستجمام على ضـفاف البحيـرات وشواطئ الأنهار، الشيء الذي قد يؤثر سلباً على الاقتصاد القومي.

- أضرار ومخاطر على بعض الأنواع من النباتات والحيوانات المحلية: فمـن المعروف أن الملوثات يمكن حملها لمسافات شاسعة تقدر بآلاف الكيلومترات طبقا لنوع الرياح السائدة ويشار إلى هذا الوضع بالمدى الكبير لنقل الملوثات الهوائية. وهنالك بعض الأنواع من النباتات والحيوانات المحلية Biota مثلاً الرخويات وتلك التي تضم الحيوانات ذات الدرع (مثل القواقع، والبطلينـوس – حيوان من الرخويات يلتصق بالصخور Limpet، وبلح البحر، والمحار) تعتمد اعتمادا كثيرا على الكالسيوم لبناء درعها الخارجي الواقي لها. وبما أن الأمطار الحمضية تذيب بسهولة كربونات الكالسيوم وتتدخل في عملية أخـذ الكالسيوم بوساطة هذه الكائنات، فعليه لا يمكن لهذه الكائنات العيش والنمـو في هذه البيئة.

تستدعى هذه الآثار الضارة للأمطار الحمضية أخذ الحيطة وتدبير الإدارة الناجعة للحد منها ومنع حدوثها. وللأمطار الحمضية تداخلات معقدة مع الغلاف الجـوى والتربـة والمـاء

والمترسبات وآثارها على الإنسان والحيوان والنبات والأحياء المجهرية. غير أنه لا توجد حلول سريعة، ويحتاج التنظيف إلي مدة طويلة من الزمن، وجهد كبير، وتمويل ضخم، وإتباع التقانة الملائمة والمجدية، ووضع محطات دائمة للقياس المستمر ورصد الملوثات وتحركاتها، ووضع برامج مراقبة، وسن القوانين الرادعة ووضعها موضع التنفيذ {6، 10}.

ولتفادى الخطورة الناجمة من التلوث الهوائي والأمطار الحمضية فربما أمكن إتمام ذلك عن طريق معالجة الغازات الناتجة من الصناعات ذات الأثر الكبير، وربما عن طريق استخدام وقود يحوى نسبة قليلة من الكبريت في وسائل النقل والمواصلات، أو بالتخلص من الكبريت أثناء تصفية النفط بالهدرجة Hydrogenation، أو بإزالة ثاني أكسيد الكبريت بالمزج مع مادة ماصة مثل الجير أو الحجر الجيري، أو باللجوء إلي مستحدثات التقانة الحديثة وأساليبها، واستخدام الطاقة الجديدة والمتجددة، وترشيد استخدام أساليب التقانة المستخدمة حالياً وترفيعها، أو بعمل الكثير من هذه الأمثلة الواقية والمفيدة {2، 6، 7، 10، 14، 15، 16}.

3 – 8 الأوزون Ozone, O_3:

قد ينتج الأوزون من عمليات الأكسدة الكهروكيميائية. ومن الآثار الضارة له ما يلي:

- إعاقة التنفس الطبيعي عند التعرض له في درجات تركيز 0.1 ملجم/لتر لمدة ساعتين.
- تلف الرئة عند المرضى بها.
- غاز سام.
- مهيج.
- قد يتلف النباتات والممتلكات. (يغير الأوزون من لون أوراق النباتات (في الجزء العلوي منها) كما في العنب، وذلك عند تعرضه للأوزون في درجات تركيز حوالي 0.4 ملجم/لتر. كما ويفقد النبات خلاياه عند التعرض للأوزون لمدة طويلة {14}.

نقصان طبقة الأوزون:

إن وجدود الأوزون في طبقات الجو العليا (20 إلي 40 كيلومتر أو أكثر) يعمل كدرع واقي وحاجز مرشح للأشعة فوق البنفسجية. إذ أن زيادة تعرض الجلد للأشعة فوق البنفسجية يقود إلي الإصابة بسرطان الجلد.

يتكون الأوزون في الطبقة الجوية العليا (استراتوسفير Stratosphere) عندما تقوم الأشعة فوق البنفسجية (ذات الطول الأقل من 242 نانومتر والصادرة من الشمس) بتحطيم الأكسجين الجزيئي إلي ذرات يمكنها التفاعل مع الأكسجين لتكوين الأوزون. وتستمر هذه العملية في وجود ضوء الشمس، وقد تقود إلي زيادة الأوزون في طبقة الجو العليا لولا توازنها عمليات نقصان الأوزون وانخفاضه. وتضم عمليات نقصان الأوزون بفعل الأشعة فوق البنفسجية والطيف المرئي ذات الموجة الطويلة (أكبر من 320 نانومتر)، وتضم أيضا تفاعلات الأوزون الكيميائية مع الأكسجين وتداخلها مع أكاسيد النتروجين المفردة، والتي تأتى من انتشار أكسيد النتروز N_2O للأعلى من التربة، وتنتج هذه العملية 60 إلي 70 بالمائة من النقصان والانخفاض. ويؤدى الاتزان بين عمليات تكوين الأوزون ونقصانه إلي زيادة طبقة الأوزون في الإستراتوسفير {6، 10، 14، 20}.

يقوم الأوزون بامتصاص الأشعة الشمسية ليؤدى إلي زيادة الحرارة في طبقة الإستراتوبوز Stratopause، كما ويقوم بتقليل أشعة الشمس لرفع درجة الحرارة على سطح الأرض. كما وتقوم طبقة الأوزون بإزالة الأشعة فوق البنفسجية الضارة، وعليه تعمل على حماية الجلد وخلايا النبات مواصلة عملها كدرع واقي {6، 20}.

وتضم المواد التي تعمل على نقصان طبقة الأوزون: بعض الغازات العاملة لتغيير العمليات الكيميائية والتفاعلات المذكورة أعلاه، والكلورفلوركربون (مثل CF_2Cl_2 و $CFCl_3$) المستخدمة كدافع للأيرسول Aerosol propellants وفي عمليات التبريد. وتتراكم هذه المواد في الغلاف الجوى وتظل في حالة ثبات واستقرار على الارتفاعات القليلة، غير أنها تتحطم في طبقة الإستراتوسفير باعثة الكلور الذي يتفاعل مع الأوزون. ويقال أن طبقة الأوزون قد تناقصت بنسبة 2.5 بالمائة في العقد الماضي عبر مستوى

العالم {2019}. ومنذ العام 1978 لوحظ أن تركيز الأوزون قل بدرجة كبيرة في قارة أنتاراكاتيكا، ربما بسبب مواد كلورفلوركربون وما زال هذا التدني مستمراً. ويؤدى الإنتاج المستمر لهذه المواد إلي النقصان الكبير في هذه الطبقة الواقية، مما يزيد من كمية الأشعة فوق البنفسجية التي تصل الأرض، الشيء الذي قد يزيد من حالات سرطان الجلد. كما وأن النقصان في تركيز الأوزون يقود إلي تبريد طبقة الإستراتوسفير مما قد يؤدى إلي تدفئة سطح الأرض، غير أن هذا الأثر قد تغطيه تغيرات أخرى. ومن الغازات الأخرى للتي تمتص بصورة كبرى الإشعاع طويل الموجة تضم الميثان والكلوروفلور كربونات CFC'S. وعزى إلى غاز ثاني أكسيد الكربون CO_2 نسبة 50% من تسخين الهواء و 18% لغاز الميثان و 14% لمركبات الكلوروفلور كربون {1} ومن المعلوم أن CFC's (خاصة الفريون) متزن كيميائياً وتظل لحقب طويلة في الجو؛ ومن ثم تمتزج هذه المواد بانتظام عبر طبقة عميقة من الغلاف الجوي لتصل في نهاية المطاف إلى طبقة الأوزون على بعد 25 إلى 50 كيلومتر من سطح الأرض.

هذه المركبات غير نشطة فى الاحوال العادية لكنها لها القدرة على الصعود الى طبقات الجو العليا وتنشط بامتصاص الاشعة فوق البنفسجية لتنتج ذرة كلور حرة.

$$CF_3 \longrightarrow CFCl_2 + Cl \qquad (1)$$

وبعد ذلك يمكن ان تحدث التفاعلات التالية:

$$2Cl + 2O_2 \longrightarrow 2ClO + 2O_2 \qquad (2)$$

$$2ClO \longrightarrow Cl_2O_2 \qquad (3)$$

$$Cl_2O_2 \longrightarrow Cl + ClOO \qquad (4)$$

$$ClOO \longrightarrow Cl + O_2 \qquad (5)$$

$$2O_3 \longrightarrow 3O_2 \qquad (6)$$

يلاحظ ان الكلور الحر يتم انتاجه فى المعادلتين (4) و (5) وبذلك نجد ان اثر قليل من الكلور الحر يقوم بتدمير واسع للطبقة وذلك بسبب استمرار انتاجه فى تلك التفاعلات.

من اسباب تحطم طبقة الاوزون ايضاً تفاعل غاز اوكسيد النيتروجين وللذى ينتج من مخلفات الطائرات النفاثة التى تسير بسرعة اعلى من سرعة الصوت وللتى تسير فى ارتفاعات عالية. يتحد اوكسيد النيتروجين مع الاوزون ليتكون الاوكسجين والاوكسجين الحر ويتحد ثانى اوكسيد النيتروجين الناتج مع الاوكسجين الحر والذى كان من المفترض ان يسهم فى تكوين الاوزون لبنتج اوكسيد النيتروجين مرةً اخرى وهكذا يتواصل التفاعل.

$$NO + O_3 \longrightarrow O_2 + NO_2$$

$$NO_2 + O \longrightarrow O_2 + NO$$

3 – 9 أثر خاصية الاحتباس الحراري Green house effect

يعمل درع الاحتباس الحراري على المحافظة على دفء الأرض عبر طبقة رقيقة من الغازات على بعد 25 كلم في الأعلى؛ وتعمل على تمرير الحرارة عبرهاللترجع كمية معينة من الإشعاع للفضاء لتدفئة الأرض. غير أن التمدد في النشاط الإنساني الصناعي والزراعي يعمل على تغيير هذه الظاهرة؛ ويزيد هذه الطبقة مما يحجز مزيد من الحرارة ويؤدي إلى ظاهرة الاحتباس الحراري. وهذا النشاط يقود إلى نفث كميات عالية من ثاني أكسيد الكربون وغازات الاحتباس الحراري الأخرى (والميثان CH_4، وأكسيد النتروز N_2O، وأكاسيد النيتروجين NO_x، والمركبات العضوية المتطايرة غير الميثان، وأول أكسيد الكربون) عند استخدام الوقود الطمري والفحم والنفط والغاز الطبيعي وحرق الغابات.

قد يؤدى ازدياد تركيز ثاني أكسيد الكربون عن المعدلات العادية في الغلاف الجوى إلي تغير في المناخ. وتقود الاهتزازات الداخلية ودورة ثاني أكسيد الكربون إلي امتصاص الأشعة دون الحمراء. ومن ثم يقوم ثاني أكسيد الكربون في الهواء بامتصاص جزء من الحرارة التي تعكسها الأرض عادة إلي الغلاف الجوى، ويقوم بإرجاعها مرة أخرى لسطح

الأرض. وعليه لثاني أكسيد الكربون أثر يماثل أثر البيوت الزجاجية المستخدمة في الزراعة، إذ يقوم بحجز الحرارة التي يمكن أن تضيع بالإشعاع. ومن المحتمل أن يقود تراكم ثاني أكسيد الكربون في الغلاف الجوى إلي حجز كمية مناسبة من الحرارة لتسخين الأرض بصورة كبيرة مما قد يؤدى إلي إذابة بعض الجليد في القارات القطبية الجليدية. غير أنه لا يوجد دليل على أن هذا الاحتمال يمكن أن يحدث{3}. وتشير بعض الدراسات إلي أنه من المتوقع أن تضاعف تراكيز ثاني أكسيد الكربون في الغلاف الجوى في منتصف أو أوائل القرن الحادي والعشرين، لترتفع درجات الحرارة العالمية إلي 2 إلي 3 درجات على مقياس كلفن، مما قد يؤدى إلي تغيير كبير في التساقط وتوزيع الجليد {2}.

تشير بعض الدلائل إلى أن تركيز غاز ثاني أكسيد الكربون في الغلاف الجوي قد زاد بحوالي 25 بالمائة خلال المائة عام الأخيرة حيث زاد متوسط درجة الحرارة العالمية بين 0.2 و 0.6 درجة مئوية وارتفعت مستويات سطح البحار بحوالي 12 سم. وتجنح التقديرات العالمية المحافظة إلى أن يرتفع مدى الحرارة خلال العقود القليلة القادمة وأن ترتفع مستويات سطح البحار بحوالي المتر مما يهدد الجزر والدلتا والشواطئ.

ومن المعايير التي يمكن أخذها في الحسبان عند التفكر في التحكم وتجنب خاصية الاحتباس الحراري {2، 3، 6، 17}:

- تقليل نفث ثاني أكسيد الكربون من العمليات الصناعية المتقدمة واستخدام الوقود الطمري Fossil fuel.
- الحد من إمداد النفط قد يسارع من استخدام نظم قليلة الكفاءة الاحتراقية مما قد يفاقم من نفث تراكيز أكبر من ثاني أكسيد الكربون للغلاف الجوى.
- تحديد استخدام كلورفلورالكربون للتحكم في بعض الغازات المؤثرة على خاصية الاحتباس الحراري (غير ثاني أكسيد الكربون).
- التحكم في عملية تبادلات كربون التربة والكربون الحيوي في التربة بالإضافة إلي ثاني أكسيد الكربون.

- منع القطع الجائر للغابات للاستخدام الزراعي لأنه يؤدى إلــــي اســتخدام الأرض كنظام تخزين كربوني قليل الكفاءة، كما وأن هذا الإجراء ســيفاقم مــن الحــرق وزيادة ثاني أكسيد الكربون.
- الإدارة الجيدة والمرشدة للأرض والمصادر الطبيعية .

الباب الرابع

تلوث الهواء بالإشعاع

4 - 1 مقدمة

تنبعث من الذرات المشعة - سواء كانت موجودة فى الطبيعة او محضرة صناعياً - عن طريق التفاعلات النووية عدة انواع من الإشعاعات منها: إشعاعات الفا وبيتا وغاما.

1/ إشعاعات الفا: Alpha radiations (α)

إشعاعات الفا جسيمات موجبة الشحنة، تتكون من بروتونين ونيوترونين. أى انها عبارة عن نواة ذرة الهيليوم. لوحظ ان الجسيمات الأولية الاربعة التى يتكون منها جسيم الفا مرتبطة مع بعضها البعض بشدة، مما يجعل جسيم الفا فى معظم الحالات يسلك سلوك الجسيم الاولى اى يتصرف كوحدة واحدة {21}. تبلغ سرعة جسيمات الفا حوالى 0.5 من سرعة الضؤ {22}، ولها قوة اختراق منخفضة حيث تنفذ فى الهواء لعدة سنتيمترات، لكنها لا تنفذ من شريحة معدنية رقيقة بل يمكن حجزها بوساطة ورقة عادية

{23} . بما ان اشعاع الفا يتكون من نواة ذرة الهيليوم فان اى ذرة تشع جسيمات الفا تعطى ذرة جديدة ينقص رقمها الكتلى اربع وحدات ورقمها الذرى وحدتين عن الذرة الام {24}.

يعتبر اشعاع الفا خاصية مميزة للعناصر الثقيلة، مثل نظير اليورانيوم 238، والذى يتحول الى نظير الثوريوم 234، ويمكن تمثيل هذا التفاعل بالمعادلة النووية التالية:

$$^{238}U \longrightarrow {}^{234}Th + {}^{4}He^{2+}$$

ومن الامثلة كذلك:

$$^{230}Th \longrightarrow {}^{226}Ra + {}^{4}He^{2+}$$

$$^{226}Ra \longrightarrow {}^{222}Rn + {}^{4}He^{2+}$$

رغم القدرة الإختراقية اوالنفاذية المنخفضة لجسيمات الفا فان خطرها كبير على صحة الإنسان، وذلك نسبةً لارتفاع قدرتها التأينية.

2/ إشعاعات بيتا: Beta radiations (β)

تتكون إشعاعات بيتا من الكترونات عالية السرعة مصدرها نواة الذرة، وتحمل شحنة كهربية واحدة. كما يوجد نوع آخر من اشعاع بيتا يسمى البوزيترون، وهو جسيم له نفس كتلة الالكترون لكنه يحمل شحنة كهربية موجبة واحدة. وعلى الرغم من ان البوزيترون له اهمية اقل من حيث النظر الى جانب الحماية من الإشعاع، الا ان معرفته مهمة لفهم بعض انواع التفكك النووى. ان لجسيمات بيتا سرعة اعلى من جسيمات الفا، حيث تتراوح سرعتها فى المدى من 0.3 الى 0.99 من سرعة الضوء، كما لها نفاذية اعلى من نفاذية جسيمات الفا، الا انه يمكن ايقافها بوساطة شريحة معدنية رقيقة من الالومونيوم. يرتكز تفسير اشعاع بيتا على ان البروتون والنيوترون هما (حسب المفاهيم الحديثة) حالتان لدقيقة اولية واحدة هى النيوكليون وعند ظروف معينة، مثلاً فى حالة تسبب زيادة عدد النيوترونات فى النواة فى عدم استقرار تلك النواة يستطيع النيوترون التحول الى بروتون مولداً الإلكترون فى نفس الوقت.

يمكن تمثيل هذه العملية بالمخطط التالى:

نيوترون ⟵ بروتون + الكترون

قد يتحول البروتون الى نيوترون حسب المخطط التالى:

بروتون ⟵ نيوترون + بوزيترون

يلاحظ ان عملية تحول البروتون الى نيوترون والتى يرافقها تكون البوزيترون تتم فى الحالات التى يكون فيها عدم ثبات النواة ناتجاً من وجود كمية زائدة من البروتونات فيها. ويسمى هذا النوع من التفكك الإشعاعى بتفكك بيتا البوزيترونى او التفكك (β^{+}) وذلك خلافا لتفكك بيتا الالكترونى (β^{-}).

عند حدوث اشعاع بيتا{21،25}:

1/ يبقى الرقم الكتلى بدون تغير.

2/ تفكك بيتا الالكترونى يزيد الرقم الذرى للعنصر المتكون بمقدار واحد.

3/ تفكك بيتا البوزيترونى ينقص الرقم الذرى للعنصر المتكون بمقدار واحد عن للذرة الام.

3/ اشعاع غاما (γ) Gamma radiation

تنتمى اشعاعات غاما الى النوع الذى يعرف بالاشعاعات الكهرمغنطيسية، والتى منها اشعة اكس حيث تكون فى شكل ذبذبات كهرمغنطيسية. لاشعة غاما طول موجى قصير يبلغ حوالى 13-10 ـــ 10-10 متر، مما يعنى انها تتمتع بطاقة عالية جداً أعلى بكثير من الاشعة الضوئية، بل واعلى من طاقة الاشعة السينية، وهى تسير بسرعة الضوء تقريباً. هذه الخصائص ادت لان تكون لاشعة غاما نفاذية عالية جداً، ويتطلب ايقافها استخدام حوائط سميكة من الخرصانة أو شرائح الرصاص. ان اشعاع غاما يكون دائما مُصاحباً لاشعاع الفا او بيتا، وذلك لان الذرات المتكونة نتيجة لاشعاع الفا او بيتا تكون فى بعض الاحيان فى حالة استثارة، أى تتمتع بطاقة عالية. ولذلك يحدث اشعاع

غاما – والذى يكون فى شكل فوتونات – ليوفر للذرة حالة طاقة أدنى تجعلها لكثر استقراراً {26}.

4 – 2 تأثير الاشعاعات المؤينة على الانسجة: Effects of ionizing radiations on tissues

تعرف اشعاعات الفا وبيتا وغاما بالاشعاعات المؤينة، وذلك لانها تحدث شكلا من اشكال التأين فى الانسجة {27}. التأين هو الظاهرة التى تحدث نتيجة للتفاعل بين الاشعاعات ذات الطاقة العالية والمادة، فعند تعرض اى جسم للاشعاع فان طاقة الاشعاع الساقط عليه قد تتسبب فى احداث ظاهرة التأين فى ذلك الجسم، وذلك عن طريق رفع احد الالكترونات الى مستوى طاقة اعلى. وبذلك يصبح الجزء المعرض للاشعاع فى حالة استثارة، ويأخذ الالكترون المستثار مساره عبر الجسم ليسبب فى اغلب الاحوال منطقة استثارة تحيط بمسار الاشعاع المؤين. تتميز الالكترونات الناتجة عن عملية التأين بالفعالية الشديدة داخل انسجة الجسم، وبذلك فهى تعمل على احداث اثر تدميرى فى الخلايا الحية {29،28}، حيث يتأين الماء الموجود داخلها حسب المعادلات التالية:

$$H_2O + \text{اشعاع مؤين} \longrightarrow H_2O^+ + e^-$$

$$e^- + H_2O \longrightarrow H_2O^-$$

بعد ذلك يتحلل كل من H_2O^+ و H_2O^- الى جزور حرة (free radicals) كما فى المعادلات التالية:

$$H_2O^+ \longrightarrow H^+ + OH$$

$$H_2O^- \longrightarrow H^+ + OH^-$$

تتميز هذه الجزور الحرة OH^- و H^+ بشدة نشاطها الكيميائى، حيث تدخل وبسرعة شديدة فى تفاعلات كيميائة مع البروتينات والانزيمات والاحماض النووية والدهون، مما يؤدى الى إحداث تغييرات كيميائية، تؤدى بدورها الى احداث تغيير فى تركيب الخلية ووظيفتها خلال ثوانى قليلة. إن النتائج المترتبة على هذا الامر تتمثل في موت الخلية أو

منع انقسامها او زيادة معدل نموها وانقسامها (النمو السرطانى) أو حـــدوث تغييـــرات مستديمة فى الخلية (طفرات) تنتقل وراثياً عند انقسام الخلية {30}.

4 – 3 تلوث الهواء بالمواد المشعة:

تتبوأ البيئه مكان الصدارة فى اهتمامات الانسان المعاصر. لذا فان حمايتها من مصـــادر التلوث الهوائى وغيره اصبح واجباً علمياً وتقنياً واخلاقياً يقع على عاتق كافة القطاعات العلمية وغيرها. إن ازدياد رقعة استخدام المواد المشعة في القطاعات الطبية والصناعية والزراعية والعسكرية وغيرها وفر ظروفاً ملائمة لحدوث التلوث فى البيئة المجـــاورة لهذه الأنشطة، كنتيجة لهذه الإستخدامات. كما ان حدوث اى خلل فى اسلوب الإســـتخدام او منظومات التصنيع بات يهدد البيئة بحدوث تلوث بالمواد المشعة قد يشكل خطـــورة كبيرة على الإنسان او الكائنات الحية التى تعيش حوله، او تحدث تلفـــاً فـــى المـــوارد الطبيعية. بيد أن هذة المخاطر ينبغى ألا تشكل عائقاً لمـــام توظيـــف المـــواد المشـــعة والتقنيات المرتبطة بها فى الانشطة التنموية المتعددة، بل يجب أن تعتبر حافزاً ايجابيـــاً يؤدى إلى تبنى برامج دقيقة للسلامة الصناعية فى ميادين الاستخدام السلمى، مع الارتقاء بتدريب العاملين واكتساب الخبرة العالية للكوادر الفنية فى هذا المجـــال بمـــا يضـــمن الاستخدام الامثل بعيداً عن المشاكل التقنية التى قد تنشأ عن غياب هذة الخبرات، وهـــذا يقتضى توفير معلومات كافية عن مصادر التلوث بالمواد المشعة وتاثيراتها البيئية. وذلك بهدف صياغة إستراتيجة واضحة المعالم تعتمد كوسيلة لدرء أخطار التلوث الاشـــعاعى للوصول الى استخدام أمثل واسلم للتقانات النووية {31}.

يمثل التلوث الاشعاعى مشكلة مهمة ومعقدة نتيجةً لانتشار وكثرة استخدام المـــواد ذات النشاط الاشعاعى فى مجالات واسعة ومتنوعة والمقصود بالتلوث الاشعاعى هو وجـــود نشاط اشعاعى غير مرغوب فيه وبكميات اكبر من الحدود القصوى للتلوث الاشـــعاعى. وهنالك العديد من هذه الحدود التى وضعت بوساطة السلطات المختصة فى كـــثير مـــن الدول، وتلك الموضوعة بوساطة اللجنة الدولية للوقاية من الاشعاعات المؤينة ويمكـــن قياسها بالطرق المباشرة وغير المباشرة {32}.

4 - 4 مصادر ملوثات الهواء من المواد المشعة:

ينشأ النشاط الاشعاعى فى الهواء الجوى من مصادر طبيعية واخرى صناعية تنتج عن اوجه النشاط البشرى فى مختلف قطاعات الحياة. لقد تسارعت مؤخراً حركة التقدم في اجهزة قياس الإشعاع، وبالتالى ازدادت المقدرة على التمييز والفصل بين الطلقات المختلفة التى تنبعث منها الإشعاعات من مختلف العناصر المشعة سواء في الجو او على سطح الأرض.

1/ المصادر الطبيعية للمواد المشعة:

تشمل جميع مصادر المواد التى تنتج بصورة طبيعية على سطح الأرض دون تدخل مباشر من جانب الانسان، وتتالف من:

- النشاط الإشعاعى ذي الاصول الارضية، والذى ينتج عن وجود النويدات المشعة التى تنشأ عن العناصر ذات النشاط الاشعاعى والموجودة فى القشرة الأرضية.
- النشاط الإشعاعى الناتج عن ارتطام الأشعة الكونية بالغازات والعوالق الصلبة الموجودة فى الغلاف الجوى الذى يحيط بالكرة الأرضية، فينتج عن ذلك مجموعة من النظائر المشعة اهمها التريتيوم 3 والكربون 14 ويأتى بعدها فى الأهمية الفوسفور 32 و 33 والصوديوم 22 والكبريت 35 والكلور 39.

2/ المصادر الصناعية للمواد المشعة:

تشمل المواد المشعة الناتجة عن النشاط البشرى فى حقول التطبيقات الميدانية للمواد المشعة فى مختلف المجالات وتتألف من :

1. نواتج عملية الإنشطار والتنشيط النووى اثناء عمليات انشطار اليورانيوم والبلوتونيوم، حيث يعتمد حجم التلوث الناتج على نوع الطاقة المنبعثة وعلى نصف عمرها الاشعاعى، وعلى كيفية تمثيلها عند امتصاصها من قبل جسم الكائن البشرى.

2. نواتج عملية طحن وتهيئة الوقود النووى المستخدم في القطاعات العلمية والعسكرية والخدمات.
3. المواد المشعة المنبعثة من المفاعلات النووية اثناء تشغيلها الاعتيادى، او عند حدوث خلل فى ادائها، اوفى حالات الحوادث غير المتوقعة كما حدث فى مفاعل تشيرنوبل.
4. نواتج عملية تصنيع الجزء المتبقى من الوقود النووى فى المفاعلات، ويحوى هذا النوع من الملوثات كلاً من الكريبتون 85 واليود 131.
5. السواقط النووية التى تنتج من تفجير الاسلحة النووية فى الجو، وتتكون من شظايا الإنشطار وحطام الأسلحة والتى تشكل مصدراً ملوثاً للجو باشعتى بيتا وغاما.
6. الاستخدامات المدنية للمواد المشعة، وتشمل استخدامات الطاقة النووية فى انتاج الطاقة الكهربائية، واستخدام النظائر المشعة فى الميدان الطبى، والزراعى، والصناعى، وبعض القطاعات المتخصصة الأخرى.

4 – 5 العوامل المؤثرة على توزيع الملوثات المشعة:

إن طرح المواد المشعة الغازية والمتطايرة وكذلك الرذاذ المشع من المنشآت النووية الى البيئة الجوية، وتناول المنتجات النباتية والحيوانية المتعرضة لمصادر الإشعاع المطروح، يشكل خطورة كبيرة على التجمعات السكانية فى المناطق المجاورة لهذه المنشآت، نتيجة للاشعاعات المصاحبة للهواء المستنشق.

تستند عملية تقسيم التأثير البيئى الناتج عن طرح الفضلات المحتوية على مواد مشعة الى الغلاف الجوى وتحديد قابلية الهواء لإحتواء هذه العناصر على ما يلى:

1. اسلوب انتقال المادة المشعة وانتشارها في الغلاف الجوى كدللة للزمن والمكان.

2. خصائص التركيبة المناخية للمنطقة المحيطة بمصدر التلوث والتى تشكل سرعة الرياح واتجاهها، والتوزيع الحرارى للجو عوامل مهمة فى تحديد مواصفاتها.
3. طبيعة التضاريس الأرضية للمنطقة المحيطة بمصدر التلوث.
4. اشكال وارتفاعات الابنية والمنشآت المحيطة بمصدر التلوث.

ان الفقرات السابق ذكرها تلعب دوراً حاسماً فى التأثير على آلية توزيع المواد المشعة المطروحة الى الجو وكيفية انتشارها فى البيئة المجاورة. وعلى هذا الأساس يختلف حجم التأثير الناتج عن مصادر التلوث باختلاف هذه العوامل. فالتركيبة المناخية المستقرة من حيث درجة الحرارة كدالة للارتفاع، تعنى ان انخفاض الحرارة بمقدار 0.6 درجة مئوية لكل 100 متر يؤدى الىصعود سحابة الملوثات الى طبقات الجو العليا كما يساعد على تعجيل عمليتى انتشار وتخفيف الملوثات المشعة. لما فى حالة وجود انقلاب حرارى (ارتفاع درجة الحرارة مع زيادة الإرتفاع)، فان الملوثات المشعة لا تصعد الى طبقات الجو العليا بل تتركز فى الطبقات السفلى مع تدنى كفاءة عمليتى الانتشار والتخفيف مما يؤدى الى تفاقم مشكلة التلوث وزيادة جرعة المواد المشعة التى يتعرض لها الإنسان او الكائن الحى الذى يوجد فىتلك المنطقة. لذلك فان اختيار الموقع المناسب لإقامة المنشآت النووية ينبغى ان يستند على اسس رصينة تستثمر المعلومات للتى تخص التأثيرات المحتملة للعوامل الاربع سالفة الذكر بما يضمن الحد الأدنى للتأثير على الإنسان والبيئة المجاورة {31}.

4 – 6 غاز الرادون:

الرادون احد عناصر الجدول الدورى، والذى يقع ضمن مجموعة العناصر النبيلة، رقمه الذرى 86 ويوجد فى الطبيعة فى الصورة الغازية اذ يعد من اثقل الغازات المعروفة فالعدد الكتلى لنظيره الأكثر استقراراً يبلغ 222.

نظائر الرادون:

للرادون ثلاثة نظائر طبيعية وهى

1/ الاكتنيون وهو نظير الرادون 219 وينتمى الى سلسلة الاكتينيوم، ويبلغ عمر النصف له اربع ثوانى، ويوجد بصورة قليلة جداً نسبةً لقلة توفر النظير الذى يتولد منه وهو نظير اليورانيوم 235 .

2/ الثورون وهو نظير الرادون 220، وينتمى الى سلسة الثوريوم 232، ويبلغ عمره النصفى 55 ثانية، ويعتبر اكثر نظائر الرادون وفرة وذلك بسبب وفرة الثوريوم، ولكنه يختفى من الجو بسرعة بسبب قصر عمره النصفى.

3/ الرادون وهو نظير الرادون 222، وينتمى الى سلسلة اليورانيوم 238، ويعد هذا النظير هو الأطول عمراً من بين نظائر الرادون حيث يبلغ عمر النصف له 3.825 يوم، وهذا العمر يمنحه القابلية للانتشار فى الجو بالرغم من كونه ينبعث من التربة بكميات اقل من الثورون. وعند الحديث عن الرادون ومخاطره وآثاره البيئية فان المعنى بذلك هذا النظير اى الرادون 222.

يتولد الرادون نتيجة للتحلل التلقائى لعنصر الراديوم 226 والذى يوجد فى القشرة الارضية بنسبة تقارب 10-11 وزناً. والمعروف ان نويدات الراديوم 226 باعثة لجسيمات الفا وعندما يحدث ذلك تتحول الى الرادون 222 كما فى المعادلة التالية:

$$^{226}Ra \longrightarrow {}^{222}Rn + {}^{4}He^{2+}$$

بما ان وجود الراديوم 226 فى منطقة ما فى الطبيعة يعتمد على وجود اليورانيوم 238 والذى يقدر الجيولوجيون وجوده فى القشرة الأرضية بنسبة 3 اجزاء فى كل مليون جزء تقريباً، وبما ان الراديوم 226 والذى يبلغ عمره النصفى 1600 عام هو المصدر الاساس للرادون 222، لذا يتوقع وجود الراديوم 226 فى جميع الخامات التى تحتوى على اليورانيوم 238 الذى لا يتوزع بشكل متجانس فى المناطق الجيولوجية المختلفة، لذا نجد ان هنالك مناطق تكاد تكون خالية من هذا العنصر فى حين توجد مناطق اخرى تحتوى على تراكيز من الخامات التى تحتوى على هذا العنصر مما يؤثر بشكل ملموس

فى تراكيز الرادون من منطقة لاخرى لكونه يتسرب او يتحرر بشكل طبيعى من الارض ومن المياه الجوفية الى الجو{33،34}.

الخواص الكيميائية والفيزيائية للرادون:

ينتمى الرادون الى مجموعة الغازات النبيلة او الخاملة فى الجدول للدورى، فذرة الرادون كبقية الغازات النبيلة نادراً ما تتفاعل وتشكل جزيئات. لذلك يمكنها ان تنتشر بحرية عبر كل المواد المنفذة للغازات لأنها خاملة كيميائياً. الرادون غاز عديم اللون والرائحة والطعم ولذلك لا يمكن كشفه بالحواس البشرية وهذا يزيد من خطورته. يعتمد الكشف عن الرادون بشكل رئيس على الكشف عن الأشعة الناتجة من تفككه وتفكك النظائر الناتجة منه. يشكل الرادون حوالى 1 من 2010 من هواء الجو فهو لا يشكل طبقة قريبة من سطح الأرض انما يخلط تقريباً بشكل متجانس مع الهواء الداخلى للمنازل.

ينصهر الرادون عند درجة – 70 مئوية، ويغلى عند – 60 درجة مئوية، وهو شديد الذوبان فى التولوين, ولذلك يستخدم التولوين غالباً من اجل استخراج الرادون الذائب فى الماء بهدف قياس تركيزه. يلاحظ ان الرادون متوسط الذوبان فى الماء وبعض السوائل الأخرى. كذلك يعتبر الفحم الفعال ماص جيد للرادون لذلك يستعمل ايضاً فى استخراج الرادون من الماء وكذلك فى قياس تركيز الرادون المعلق فى الهواء.

مصادر الرادون:

ان المصدرين الاساسيين للرادون فى الوسط الخارجى هما التربة والماء، بالاضافة الى مواد البناء والتى ترجع الى التربة والصخور.

1/ التربة والصخور: ان حوالى 80% من غاز الرادون المنبثق الى الوسط الخارجى ينتج عن الطبقة العليا للارض. وبالطبع فان وجود اليورانيوم ــ 238 والراديوم ــ 226 هو السبب فى انبعاث الرادون من التربة, وبالتالى تعتمد كمية الرادون المنطلقة على تركيز اليورانيوم ــ 238 والذى يختلف من مكان لآخر. يمكن

التعبير عن كمية اليورانيوم الموجودة فى مكان ما بجزء فى المليون من الوزن (ppm) او بالفعالية النوعية (Specific activity) والتى يعبر عنها بالبيكو كورى لليورانيوم فى غرام واحد من المادة (1 pCi/g) . والعلاقة بين هذين التعبيرين بالنسبة لليورانيوم هو ان. 1ppm = 1pCi/g

ان كل تفكك لذرة راديوم موجودة فى حبيبات التربة او الصخور سيعطى ذرة رادون فاذا كان انتاج هذه الذرة قريب من سطح التربة فيمكنها بالتالى الهروب الى الوسط الخارجى, وتعتمد كمية الرادون المتسربة من التربة الى الوسط الخارجى علىعدة عوامل تتعلق بمواصفات التربة من رطوبة ودرجة نفانية ووجود التصدعات وشكلها وغيرها من العوامل.لقد وجد بشكل عام ان معدل انبثاق الرادون من الصخور اكبر منه من التربة والمعادن.

2/ الماء: يعتبر الرادون متوسط الذوبان فى الماء حيث تزداد ذوبانيته بنقصان درجة حرارة الماء. لذلك فانه عندما تتساب المياه الجوفية الباردة عبر الصخور فانها تمتص كمية لا باس بها من الرادون من تلك الصخور. اما عندما يسخن الماء او يحرك فان كمية كبيرة من الرادون تنفلت وتنطلق الى الوسط الخارجى. تعتمد كمية الرادون فى الماء على عاملين , الاول هو المواصفات الجيولوجية المحلية حيث يستخرج الماء. بمعنى ان كمية الرادون المنبثقة من حبيبات التربة تتاثر بنوع ومواصفات الصخور الموجودة ومحتواها من خام اليورانيوم 238 . اما العامل الثانى فهو نوع الماء المستخدم حيث وجد ان الرادون الناتج عن الماء يشكل مشكلة فى البيوت التى تستخدم مياه الآبار بشكل مباشر بخلاف البيوت التى تعتمد على شبكة المياه العامة وذلك لانه عادةً يتم حفظ مياه الشبكة العامة من اجل التنقية ومن ثم الخزن وبعد ذلك التوزيع. وتتيح هذه للفترة الزمنية الفرصة للرادون للتفكك. كذلك تتفكك نواتج تحلله الذائبة فى الماء قبل وصول الماء للبيوت. ان هذه الفترة الزمنية لا تتوفر عند استخدام مياه الآبار بصورة مباشرة.

لقد طورت عدة نماذج من اجل تقدير العلاقة بين تركيز للرادون في الماء والتركيز الناتج عنه في الهواء. لقد وجد ان تركيزاً مقداره 10000 بيكو كورى باللتر من الرادون في الماء سيضيف حوالى 1 بيكو كورى باللتر في الهواء الداخلي للمنازل بافتراض الاستخدام العادى للماء {35،36}. وقد وجد كذلك ان الجرعة الاشعاعية المعنوية التي يمكن ان يتلقاها الفرد من مياه الشرب المحتوية على غاز الرادون نتيجة لاستنشاق الغاز المتحرر ونواتج تفككه لكبر من الجرعة الناتجة عن بلع الماء المحتوى على الرادون. لقد وجد ان جرعة المعدة اصغرمن جرعة الرئة بحوالى 3 الى 4 مرات {37}.

تشارك المحيطات بحوالى 1% من كمية الرادون الصادرة الى الوسط الخارجى رغم ان مساحتها تشكل ضعف مساحة الأرض. يرجع ذلك الى ان محتوى ماء البحر من اليورانيوم والراديوم اصغر بكثير من محتوى التربة والصخور.

3/ **مواد البناء:** تحتوى مواد البناء المصنوعة من التربة والصخور مثل الأسمنت والبلوك وغيرها على مواد مشعة ذات منشأ طبيعى مثل اليورانيوم والراديوم، وبالتالي فهى تولد الرادون. ان لهذه المواد درجة من النفاذية تكفي لانطلاق الرادون المتولد الى الوسط الخارجى. اما المواد ذات المنشأ غير الأرضى مثل الخشب فهى تحتوى على كمية منخفضة جداً من الراديوم. تختلف كمية الرادون الصادرة عن نوع معين من مواد البناء بشكل كبير من عينة الى اخرى حتى ولو كان تركيز اليورانيوم في كلا العينتين واحداً حيث وجد ان معدل اصدار الرادون يتغير مع الظروف البيئية. ويعتقد أن من أهم العوامل البيئية تأثيراً هي الرطوبة والضغط، في حين انه لم يثبت تأثير تغير درجة الحرارة على كمية اصدار الرادون في حال تغيرها ضمن الحدود الطبيعية للحرارة داخل المنازل. ولكن وجد ان للضغط تأثيراً واضحاً، فزيادة ضغط الهواء من 1% الى 2% تؤدى الى مضاعفة معدل اصدار الرادون داخل المنازل. اما تأثير الرطوبة فيتمثل في ان مستوى اصدار الرادون يزداد بازدياد المحتوى المائى للمسامات. والسبب في ذلك يمكن ان يعود الى ان ذرة الرادون المرتدة نتيجةً لتفكك

اليورانيوم توقف بالماء الموجود فى المسامات عوضاً عن ان تطمر نفسها ثانيةً فى حبيبة تربة مجاورة {35،38}.

عند تولد الرادون من الراديوم فان هنالك نسبة ضئيلة من الرادون تملك معامل انتشـــار يمكنها من التحرر الى الغلاف الجوى, تعرف كمية الرادون القابلة للتحرر للـــى الغلاف الجوى بوساطة معامل يدعى معدل انتاج الرادون (P) ووحدته هـ ي: ($Bq.Kg^{-1}.s^{-1}$) وتعطى P بالعلاقة (1−4).

$$P = E.R.\lambda \qquad 4\text{-}1$$

حيث:

P = معدل انتاج الرادون

λ = ثابت تفكك الرادون ($2.06 \times 10^{-6}\ s^{-1}$)

E = معامل الاصدار

R = النشاط الاشعاعى للراديوم فى الوسط موضوع الدراسة.

ان معدل التحرر الكلى T ووحدته ($Bq.m^{-2}.s^{-1}$) فى وحدة الحجم من التربـــة يعطـــى بالعلاقة (2−4).

$$T = \lambda.\ E\ R.\ \rho \qquad 4\text{-}2$$

حيث:

ρ = كثافة جسم المادة (Kg/m^3)

ومنه يمكن اعتبار T على انها تعبر عن شدة منبع الرادون, ومن الواضح ان هذا المنبع تزداد شدته بزيادة المحتوى من الراديوم ومعامل الاصدار وكثافة جسم المادة.

يتحرر الرادون الى الوسط البيئى المحيط وفقاً للاليتين التاليتين:

1/ تحرره من الجزيئ الذى تشكل منه، ويتحدد هذا بما يعرف بمعامل اصدار الرادون.

2/ انتقاله من الوسط الذى تشكل فيه الى الغلاف الجوي، ويتحدد هذا بما يسمى بمعامل الانتشار، والذى يتعلق بعدة عوامل منها ما يختص بكتلة النفاية، ومنهـــا مـــا يختـــص

بالمتغيرات المناخية. يوضح الجدول (4-1) طول انتشار نظيرى الرادون فى اوساط مختلفة فى فترة عمر نصفى كاملة.

جدول 4-1 طول انتشار نظيرى الرادون فى اوساط مختلفة لفترة عمر نصف كاملة

ثابت الانتشار $D(cm^2 s^{-1})$	المسافة المقطوعة خلال عمر كامل (cm)		الوسط المادى
	Rn^{220}	Rn^{222}	
10^{-1}	2.85	220	الهواء
5×10^{-2}	2.00	155	تربة جافة
10^{-5}	0.0285	2.2	الماء
5×10^{-6}	0.020	1.55	تربة مشبعة بالماء

معامل انتشار الرادون:

يعرف معامل انتشار الرادون من التربة وفقا لقانون فيكس vicks الاول الخاص بانتشار الغازات ونصه مبين فى المعادلة (4-3).

$$Fm = - Dm \, \partial C/\partial X \qquad 4-3$$

حيث:

Fm = معدل نقل الجزيئات اوالدفق ($Bq/m^2.s$)

C = تركيز الرادون (Bq/m^3)

X = سماكة المادة (m)

Dm = معامل الانتشار الجزيئى (m^2/s)

يتغير الانتشار وفقاً لهذه العلاقة تبعاً للعاملين التاليين:

1/ مساحة الانتشار المتوفرة وتتحكم بها المواد الصلبة الموجودة اذ تؤثر سلبا على الانتشار.

2/ زيادة طول مسار الانتشار.

إن طول الانتشار يتناسب مع المسامية ايضا مما يقود الى تعريف معامل جديد يـــدعى معامل الالتفاف τ ويعرف بانه نسبة سماكة المادة على طول المسـار فيه ا، ويعطى بالعلاقة المبينة فى المعادلة (4-4).

$$Fm = n \, \tau \, Dm \, \partial C / \partial X \qquad\qquad 4\text{-}4$$

أو:

$$Fm = De \, \partial C / \partial X \qquad\qquad 4\text{-}5$$

ويدعى المعامل De معامل الانتشار الفعال (Effective diffusion coefficient) ويعطى بالعلاقة (4-6)

$$De = n \, \tau \, Dm \qquad\qquad 4\text{-}6$$

وفى هذه الحالة فان:
F = دفق الرادون,
n = مسامية الوسط

وكتعريف بديل لمعامل الانتشار يعتمد على سطح التبـــادل المتـــوفر للانتشـــار حســـب المعادلة (4-7):

$$D = \tau \, D_m \qquad\qquad 4\text{-}7$$

حيث:
Dm = معامل الانتشار فى الهواء وقيمته عند درجة الحرارة 20 درجة مئوية تعطى بالمعادلة (4-8):
$$Dm = 1.03 \times 10\text{-}5 \ m^2/s \qquad\qquad 4\text{-}8$$
Dw = معامل الانتشار فى الماء، وقيمته عند 20 درجة مئوية توضحها المعادلة (4-9):
$$Dw = 1.04 \times 10\text{-}9 \ m^2/s \qquad\qquad 4\text{-}9$$
D = معامل انتشار المادة المدروسة.

تعطى τ القيمة 0.7 للمواد شديدة التراص، والقيمة 0.4 للمواد ضعيفة التراص، ويمكن بالتالى التعبير عن معامل الانتشار الفعال بالعلاقة المبينة فى المعادلة (4-10):

$$De = n.D \qquad 4\text{-}10$$

وهذه العلاقة هى الاكثر استخداما وتشير الى ان الوسط المالئ للمسامات يؤثر تأثيرا كبيرا على معامل الانتشار الفعال وتقدر القيم النموذجية لمعامل الانتشار فى الاوساط الجافة بحدود من 3×10^{-6} m²/s الى 8×10^{-6} m²/s اما فى المواد الرطبة فان الرطوبة هى العامل الاهم فى تحديد قيمة معامل الانتشار، فعند درجة إشباع لقل من 0.25 يكون معامل الانتشار ثابت تقريبا ويتغير بين 9×10^{-6} و 2.7×10^{-6} .

يسيطر على الانتشار عبر مسامية الوسط بوساطة التحكم بنوعية المواد المالئة لهذه المسامات وبمعرفة الخصائص الفيزيائية للوسط. من الجدير بالذكر ان هنالك العديد من الدراسات التى اجريت لتبيان مدى تأثير محتوى الرطوبة ودرجة الحرارة على معامل انتشار الرادون من خلال التربة، وقد دلت قياسات معامل الانتشار عبر المواد الجلفة على انها على توافق منطقى وتآلف مع القيم المتوقعة اى انها تساوى: Da τ وهذا متوقع باعتبار ان المواد الجافة تملك معدل ضعيف من المسامات وذلك عندما تكون متراصة.

دلت النتائج على انه:

عند درجة اشباع اقل من 0.25 فان معامل الانتشلر يكون ثابتا تقريبا ويتغير بين 9×10^{-6} m²/s

و 7×10^{-8} m²/s

يتناقص معامل الانتشلر الى قيم نظاميةللمواد المشبعة وذلك عند درجة اشباع مقدارها 0.75 و 1.00.

وهكذا نجد انه بالامكان تلخيص تأثير الرطوبة على معامل الانتشار نوعيا كما يلى:

يحسب معامل الانتشار من اجل المواد الجافة بالعلاقةالموضحة فى العلاقة (4-11):

$$D = \tau\, Da \qquad\qquad 4\text{-}11$$

وذلك عند محتوى رطوبة منخفض. اما عند محتوى اعلى من الرطوبة فان الماء يصنع فى هذه الحالة ما يدعى بالجو الخاص بين الجزيئات ولهذا فان الرادون اما ان يضطـر لتغيير اتجاهه وبالتالى فانه يحتاج الى اطالة طريق الانتشار او انه ينتشر ببطـء عـبر الماء الذى يشكل الجسر, وفى هذه المنطقة (منطقة التقاء الماء مع الجزيئات المحيطـة وتشكيل الجسور) فان معامل الانتشار لا يمكن تحديده بدقة بوساطة درجـة الاشبـاع ولكنه يعتمد على كيفية تداخل سطحى الماء والهواء مع بعضهما البعـض. وبازديـاد المحتوى من الرطوبة عبر مسامات الوسط الى قيمة تصل الى درجة الاشباع الكلى فان معامل الانتشار يعطى بالعلاقة الموضحة فى العلاقة (4-12):

$$D = \tau\, Dw \qquad\qquad 4\text{-}12$$

وفى المنطقة المتوسطة هنالك علاقة تجريبية تستخدم لدراسة تأثير المحتوى من الرطوبة على معامل الانتشار.

معامل اصدار الرادون:

يعرف معامل الاصدار بانه الجزء من ذرات الرادون المتولدةفـى البلـورة المصـدر والقادرة على التحرر والانتقال الى الوسط المحيط. ان الآلية الاكثر فعاليةفـى عمليـة الاصدار هى الارتداد حيث ترتد ذرات الرادون نتيجةً لتفكك ذرات الراديوم فاذا كـانت طاقة الارتداد قادرة على اخراج ذرة من الرادون خارج الجزيئ عندها تكون قادرة على الانفلات والهجرة، وتلعب العوامل التالية دوراً مهما فى عملية الاصدار:

1/ المحتوى من الرطوبة: يؤثر المحتوى من الرطوبة تأثيرا كبيرا علـى اصـدار الرادون من التربة او اى مصدر آخر، ففى التربة الجافة يمكن لمعظم ذرات غـاز الرادون التى اتيحت لها الفرصة للتخلص من الجزيئ ان تتابع مسارها فى الجزيئات المحيطة مؤدية فى النتيجة الى معامل اصدار منخفض. بينما عند ارتفاع مستوى الرطوبة فى التربة فان المسامات تكون قد اشبعت بالماء وبالتالى فان الذرات المرتدة

107

تصادف فى طريقها مادة ممتصة بشكل كثيف حيث يقلل هذا من طول مسار الارتداد فى المسام الواحد لان مدى ارتداد الرادون فى الماء اقل منه فى الهواء حيث يؤدى فى النتيجة الى زيادة مضطردة فى معامل الاصدار.

عند محتوى عالى من الرطوبة (حتى 5% كنسبة حجمية)فان القليل من ذرات الرادون يمكنها ان تصل الى الجزيئات المجاورة حيث يبقى معامل الاصدار ثابتا نسبيا حتى ولو زادت الرطوبة الى مرحلة الاشباع، ويمكن القول ان معامل الاصدار من المصادر المشبعة ببخار الماء اعلى منه فى اكوام النفايات الجافة بمعدل 2 الى 6 مرات، وتعطى القيمة العالية للنفايات التى تملك حجم جزيئات صغير.

2/ تأثير المتغيرات المناخية: تؤثر المتغيرات المناخية (ضغط، حرارة، رياح، هطولات مطرية، هطولات ثلجية .... الخ) على اصدار الرادون من النفايات بنفس التأثير الذى تؤثر به على اصدار الغازات الأخرى. فهنالك تناسباً عكسياً بين الضغط الجوى واصدار الرادون. وكذلك الوضع مع الهطولات الثلجية وسرعة الرياح، وتناسبا طرديا مع الهطولات المطرية والحرارة.

3/ تأثير حجم الجزيئات: يتناسب اصدار الرادون من البلورات الصحيحة والحاوية على تركيز متجانس من الراديوم طرداً مع زيادة السطح النوعى للبلورة وعكساً مع نصف قطره، وهذه العلاقة صحيحة على وجه العموم الا ان الدراسات التجريبية تظهر ان تأثير حجم الجزيئ على معامل الانتشار هو من التعقيد بمكان بحيث يصعب وضع قاعدة عامة له.

4/ تأثيرات الغطاء السطحى: يمكن تغطية التربة المحتوية على تركيز كبير من الراديوم بمواد صلبة وذلك للتقليل من اصدار الرادون، وللتقليل ايضا من اصدار اشعة غاما ولتلافى تأثير الرياح فى هذه التربة، وذلك بوضع طبقة من غطاء مناسب بهدف زيادة زمن وجود الرادون ضمن تركيب التربة, وبذلك يتم ضمان تفكك معظم الرادون ضمن التركيب قبل ان يصل الى الجو الخارجى.

يعتمد اختيار مادة او مواد التغطية على توفرها وعلى ظروف استخدامها. هنالك تراكيب نموذجية يمكن استخدامها كغطاء وتتالف من طبقة من الغضار يتم نشرها مباشرة فوق

اكوام النفايات وذلك بغية تأمين حاجز ضد تدفق ماء المطـــر واطلاق غـــاز للـــرادون، توضع بعد ذلك مادة مرشحة مثل الجص او الصخور المطحونة وتنشــرفــوق طبقــة الغضار وذلك لتجعل ماء المطر ينزلق بعيداً.

ان تأثير تغطية الارض بهدف تخميد الرادون يعتمد على العديد من المتغيـــرات للـــتى تشمل السماكة, المسامية، الكثافة والمحتوى من الرطوبة. ويعتمد ذلك علـــى محتـــوى الراديوم ومعدل انبثاق الرادون من الارض {39}.

مخاطر التعرض لغاز الرادون:

لما كان الرادون عنصراً غازياً وينتمى الى مجموعة الغازات النبيلة، لذا فان انتقاله فـــى الهواء او فى اى وسط مسامى آخر يحدث دون اعاقة مما يجعل التعرض له ولإشعاعه يحدث باحتمالية عالية لعدد كبير من الناس. يعتبرالجهاز التنفسى للانسان هـــو الجهـــاز الأكثر تعرضاً لخطر النظائر المشعة الغازية عن طريق استنشاقها مع هواء الشهيق التى قد تؤدى بتحللها داخل اجزائه كالقصبة او الشعب الهوائية الى الاصابة بالسرطان. لا بد من الاشارة الى ان الخطر لا يكمن فقط فى التعرض لغاز الرادون وجسيمات الفا للـــتى تنبعث من تحلله الاشعاعى، بل ان هنالك خطرا آخر وهو التحلل الاشـــعاعى للـــرادون داخل اجزاء الجهاز التنفسى الذى يؤدى الى انتاج نوى مشعة صلبة تتحـــرك لتلتصـــق بالغشاء المبطن للقصبة والشعب الهوائية. وهذه النظائر المشـــعة الناتجـــة مـــن تفكـــك الرادون تمتلك انصاف اعمار وطاقات متنوعة كما هو مبين فى الجدول (4-2).

جدول 4-2 النظائر المشعة الناتجة من تفكك غاز الرادون

النظير	عمر النصف	الاشعاع الناتج	طاقة جسيم الفا(ميغا الكترون فولت)
^{222}Rn	الفا	3.82 يوم	5.49
Po^{218}	الفا	3.05 دقائق	6.00
Pb^{214}	بيتا وجاما	26.8 دقيقة	–

النظير	عمر النصف	الاشعاع الناتج	طاقة جسيم الفا(ميغا الكترون فولت)
Bi^{214}	بيتا وجاما	19.8 دقيقة	–
Po^{214}	الفا	164 ميكروثانية	7.69
Pb^{210}	بيتا وجاما	22.3 سنة	–
Bi^{210}	بيتا	5.01 يوم	–
Po^{210}	الفا	38.4 يوم	5.30
Pb^{206}	مستقر	مستقر	مستقر

ان التصاق نواتج التحلل الاشعاعى للرادون بالنسيج الرئوى يعنى استقرار جميع هذه النظائر المشعة فى الجسم واطلاقها فيه لجميع الاشعاعات الخطرة الناتجة عن تحللها الاشعاعى. يجب الاشارة الى ان ما تحدثه جسيمات الفا من تلف داخل انسجة الجسم اكبر بكثير مما تحدثه جسيمات بيتا، وذلك بسبب ان شحنة وكتلة جسيمات الفا اكبر من شحنة وكتلة جسيمات بيتا. كما ان لجسيمات الفا مدى قصير جداً مقارنةً بجسيمات بيتا، لذا فهى تودع كل طاقتها ضمن عمق محدود جداً من النسيج الحى فتعمل على اتلاف وتغيير عدد كبير جداً من الروابط بين الذرات وبالتالى قد تعمل على قتل الخلايا، والاسوأ من ذلك انها قد تحدث ورماً خبيثاً. يمكن الاشارة على وجه الخصوص الى ان نظائر البولونيوم تشكل الخطر الاكبرعلى صحة الانسان من بين جميع النظائر الصلبة المتولدة عن تحلل الرادون لانها تطلق جسيمات الفا ذات الطاقة العالية.

قد يخرج غاز الرادون مع هواء الزفير بسرعة قبل تحلله ولا يعنى ذلك بالضرورة زوال خطر التعرض له بصورة كاملة، اذ يمكن ان يعود للجسم بصورة اخطر من الاولى. فقد يؤدى التحلل الاشعاعى للرادون فى الهواء المحيط فى داخل المنزل للى التصاق النظائر الصلبة المتولدة عنه بدقائق الغبار وللدخان للتى تعرف بالعوالق الهوائية، وهذه بدورها يمكن ان تتساقط لتلتصق بجدران واثاثات المنزل، او ان يتم استنشاقها بالهواء الداخل الى الرئتين حاملة معها ذات الخطر{33}.

مصادر العوالق الهوائية:

العوالق الهوائية يتأثر تركيزها بمصدرين:

1/ المصادر الطبيعية مثل الغبار الصادر من التربة.

2/ المصادر ذات الاصل الصنعى مثل انبعاثات المصانع وطرق المرور, وهذا النـــوع يزداد بزيادة السكان والأنشطة الصناعية. ان الرقابة على نوعية الهواء مهمـــة فـى المدن الكبرى بالعالم الثالث وذلك بسبب نموها السريع.تتم معرفة مدى تلوث الهواء بمقارنة تراكيز الملوثات مع البيانات الموجودة فى الادبيات العلمية او بقياس علمـــل الاثراء للعناصر المختلفة او بالطريقتين معاً.

فيما يلى نستعرض نتائج بحث اجراه فريق من الباحثين بهيئة الطاقة الذرية السودانية فى عام 1997م {40}، حيث تم جمع 30 عينة هواء مـن 6 مولقـع مختلفـة بالعاصـمة السودانية الخرطوم على النحو التالى:

- خمس عينات من كبرى النيل الأزرق.
- خمس عينات من كبرى النيل الأبيض القديم.
- خمس عينات من كبرى القوات المسلحة ببرى.
- خمس عينات من كبرى الحرية.
- خمس عينات من محطة كهرباء برى.
- خمس عينات من المنطقة الصناعية بامدرمان.

تحلل العينات باستخدام تقانة تفلور الأشعة السـينية (energy dispersive X-ray fluorescence). الجدول (4-2) يبين نتائج تلك الدراسة مقارنـة بدراسـة أخـرى أجريت فى العام 1993 لعينات من نفس المنطقة {41}.

جدول 4-3 تراكيز بعض العناصر لعينات من الهواء بولاية الخرطوم

العنصر	دراسة 1997م	دراسة 1993م
الكالسيوم	9200 14560±	4200±40
التيتانيوم	1450±990	810±20
المنغنيز	230±50	91±6
الحديد	6430±4400	5700±40
النحاس	130±40	6.9±1.8
الخارصين	95±30	109±5
البروم	17±5	19±1
الروبيديوم	6.2±2	36±0.7
الاسترونشيوم	30±10	25±1
الرصاص		

ان مقارنة نتائج الدراستين تظهر قيماً اعلى بالنسبة للعناصر ذات المصدر الأرضى وهى الكالسيوم والتيتانيوم والحديد والروبيديوم الاسترونشيوم، وذلك لراسة العام 1997م. اما بالنسبة للعناصر المنبعثة من مصادر ترتبط بالانشطة البشرية فان نتاج الدرلستين متوافقتين.

تم قياس عامل الإثراء (enrichment factor) للعناصر ومقارنته مع نتائج اخذت من 29 مدينة من مختلف انحاء العالم ووجد ان عناصر البروم والرصاص عالية الإثراء بينما عناصر الكالسيوم والتيتانيوم والمنغنيز والحديد والنحاس والخارصين والروبيديوم والاسترونشيوم عديمة الإثراء. اتضح من قيم علمل الإثراء ان لعناصر للبروم والرصاص مصدراً آخراً غير التربة، وهذا المصدر غالباً ما يكون دخان عوادم السيارات.

4 – 7 إستخدام الطرق النووية لدراسة تلوث الهواء:{42}

تستخدم عادةً طرق متطورة جداً لتعيين مكونات الجسيمات الحبيبية والاتربة الجوية خاصةً العناصر الثقيلة والسامة وآثار العناصر الأخرى. من اهم هذه الطرق طريقة التحليل بوساطة التنشيط النتروتونى وطريقة الامتصاص الذرى فى البلازما المستثارة وطريقة الامتصاص العادية. الجدول (4–4) يبين حد الكشف الادنى لمختلف العناصر عند استخدام تقنيات مختلفة.

جدول 4–4 حد الكشف الادنى لمختلف العناصر باستخدام تقنيات مختلفة

حد الكشف الادنى			
الامتصاص الذرى	الامتصاص الذرى فى البلازما المستثارة	التنشيط النترونى	العنصر
__	__	10	Al
__	__	$10^{-2} \times 1.2$	Ag
5	0.2	__	As
__	__	$10^{-3} \times 1$	Au
__	__	2	Ba
__	30	1	Br
$10^{-2} \times 5$	30	30	Ca
__	0.4	$10^{-2} \times 2$	Ce
__	0.4	30	Cl
__	__	$10^{-3} \times 8$	Co
0.15	0.5	0.2	Cr
__	__	$10^{-2} \times 2$	Cs
__	__	$10^{-2} \times 4$	Eu
__	__	5	Fe
__	__	0.1	Hg
__	0.17	__	I
__	__	$10^{-2} \times 2$	La

Mn	0.1	—	—
Na	30	2	$10^{3-} \times 2$
Ni	—	$10^{2-} \times 5$	0.15
Pb	—	12	1
Sb	$10^{2-} \times 1$	0.3	2.5
Sc	$10^{3-} \times 1$	—	—

بالنظر الى حدود الكشف الدنيا لهذه الطرق كما موضح فى الجـدول اعلاه، يتضـح ان طريقة التحليل التنشيطى بالنيوترونات هى اكثر الطرق الثلاث حساسية لمعظم العناصر العالقة بالهواء الجوى، ذلك ان معظم العناصر عند تشعيعها بالنيوترونات تعطى نظـائر مشعة ذات اشعة غامية تحدد طاقتها العنصر بسهولة. كما ان كمية تلك الاشعة تتناسب طردياً مع تركيز العنصر فى العينة. يتم تحليل العناصر كمياً بمقارنة الاشعاع الغـامى لكل نظير مشع من العينة تحت التحليل بالاشعاع الغامى لنفس النظير من عينة اخـرى قياسية يكون تركيز العناصر المختلفة بها معروف. وحيث ان المجتمعات الحديثة تعانى من تلوث الهواء الجوى بالاتربة المحتوية على بعض العناصر الضارة بالصـحة.فـان تحليل هذه الاتربة يعطى صورة واضحة عن تلوث البيئة بهذه العناصر. ولكن اخذ عينة من اتربة الهواء الجوى ليس بالامر السهل ويعتبر من اهم خطوات مراقبة تلوث الهواء الجوى، ذلك ان جمع عينة صلبة كافية من الوسط الغازى غير المتجانس يمثل مجموعة من المواقف الصعبة. فاذا لم تكن عينة الاتربة المأخوذة ممثلة لما يحتويه الهواء الـذى من حولنا فان النتائج النهائية للتحاليل وحساباتها تكون قليلة الفائدة او غيـر ذات فائـدة على الاطلاق.

تتلخص الطرق المختلفة لأخذ عينات الاتربة الجوية في طرق: الترسيب تحـت تـأثير الجاذبية الارضية، والفصل عن طريق الطرد المركزى باستخدام السيليكون، والارتطام الرطب، والصدم، والترشيح، والصدم الكهربائى.

- **<u>الترسيب تحت تأثير الجاذبية الارضية:</u>** تستخدم هـذه الطريقـة لجمـع الجزيئات الكبيرة التى تتساقط من الجو تحت تأثير الجاذبية الأرضية وهـى لا

تحتاج الى مضخات فراغية او اجهزة قياس, ويجمع التراب هنا على شرائح زجاجية خاصة او الواح او اطباق او احواض او فى بعض الاوقات على ورق ترشيح واحياناً يغطى سطح المستقبل بوساطة طبقة من الشحم لاستبقاء ما ترسب من اتربة. ومن عيوب هذه الطريقة انها لا تعطى حجم الهواء للذى اخذت منه العينة، كما يمكن ان تحدث اخطاء جسيمة نتيجةً لتغير سرعة الرياح واتجاهاتها وكذلك بسبب سقوط الامطار او الجليد وعموما كل انواع اضطرابات الاحوال الجوية.

- **<u>الفصل عن طريق الطرد المركزى باستخدام السيليكون</u>**: يؤدى فعل الطرد المركزى هنا الى دفع الجزيئات الثقيلة الى جانب السيليكون حيثما تستطيع تلك الجزيئات الانزلاق الى اسفل حيث يوجد المجمع. تختلف كفاءة السيليكون باختلاف نوعه فتصل الكفاءة للى 95 ــ 99% للجزيئات ذات الحجم من 5 الى 50 ميكرون.
- **<u>طريقة الارتطام الرطب:</u>** فى هذه الطريقة يؤدى التغيير المفاجئ فى اتجاه وسرعة الجزيئات الى احتجازها فى سائل مجمع، وتؤدى السرعة العالية جداً فى حركة هذا السائل الى تفتت الجزيئات الكبيرة مما يؤدى الى تغير المميزات الخاصة باحجام جزيئلت العينة. تصل كفاءة هذه الطريق الى ما يقرب من 100% للجزيئات ذات الاحجام الاكبر من واحد ميكرون وعند معدل قدم واحد فى الدقيقة.
- **<u>طريقة الصدم:</u>** يؤدى تحويل مسار الهواء الى حيود جزيئات الاتربة عن طريق الدفق لتلتصق بالصادم او بالمحول. تعتمد هذه العملية على حجم الجزيئات، بحيث اذا استخدم صدام المراحل فان كل مرحلة تحتجز الجزيئات التى لا يتجاوز قطرها حد معين ويتناقص القطر بعد كل مرحلة. يلاحظ انه يوجد تداخل بين المراحل المتجاورة. من مزايا هذه الطريقة انها تنقل المفاهيم الوصفية للمصادر والسلوك الجوى الى نماذج كمية.

- **طريقة الترشيح:** تستخدم المرشحات فى اعداد كبيرة من الاجهـزة المختلفة الخاصة باخذ عينات اتربة الهواء الجوى ومحتويات تيارات الغازات مثل تلك التى تتدفق من مداخن المصانع والمنشآت بهدف تحليلها او دراسة حجم الجزيئات المكونة لهذه الاتربة او هذه المحتويات. تتميز المرشحات بان لها كفاءة عاليةلاحتجاز الجزيئات من اى حجم مع انخفاض تكلفتها. يعتبر الترشيح اكثر الطرق استخداماً للحصول على عينات اتربة الهواء الجوى لتحليلها بوساطة التنشيط النيترونى.
- **طريقة الصدم الكهربائى:** تستخدم هذه الطريقة لجمع الجزيئات صغيرة الحجم من احجام كبيرة من الهواء الجوى وذلك بمساعدة فرق جهد كهربائى مرتفع بين قطبين، مما يؤدى الى مرور تيار، ويجمعتراب الهواء داخل الاسطوانة التى تحوى القطبين حيث يمكن ان يؤخذ بعد ذلك بوساطة فرشاة او بالغسيل لاجراء المعالجة والتحليل عليه.

المصادر الفراغية وادوات قياس حجم الهواء:

تشمل اجهزة اخذ عينات اتربة الهواء بطريقة الترشيح وسائل إحداث حركة الهواء داخل هذه الاجهزة، مثل المصادر الفراغية. يستخدم لهذا الغرض عادةً نوعان من المضخات الفراغية تعمل بمحركات كهربائية. يعتمد النوع الاول منها على الإحلال، بينما يعتمد النوع الآخر على الطرد المركزى. تكون العلاقة بين ضغط السحب والكفاءة فى النوع الاول خطية بينما لا تكون العلاقة خطية فى النوع الثانى، وحيث ان اخذ العينات يستغرق وقتاً طويلاً فان المضخات المستخدمة فى هذه العملية تكون من النوع للذى يحتمل الخدمة الشاقة. اما وسائل قياس حجم الهواء المار فى اجهزة اخذ العيناتفتربط بين كمية الاتربة التى يتم الحصول عليها وحجم الهواء الذى احتواها. هنالك نوعان ايضا من هذه الوسائل، النوع الاول يسمى عداد المعدل، ويعطى معدل انسياب الهواء داخل الجهاز. والنوع الثانى يسمى مقياس الحجم، حيث يتم اسر الهواء المار فى حجم محدد ثم يستدل بعد ذلك على عدد المرات التى تم فيها ملء هذا الحجمبالهواء اثناء عملية اخذ العينة.

4 – 8 طرق الكشف عن التلوث الاشعاعى فى الهواء: {42}

تعتمد طرق الكشف عن التلوث الاشعاعى على نفس الوسائل المتبعة فى الكشف عن الاشعاعات الذرية بصفة عامة, وتعتمد هذه الوسائل على تأثير الاشعاعات على المواد الذى يؤدى الى رفع المستوى الطاقى لإلكترون او اكثر من ذرات المواد, ويمكن ايجاز طرق الكشف هذه فى الآتى:

1/ الطريقة الفوتوغرافية: تتاثر المادة الحساسة فى افلام واوراق التصوير بالاشعاع مثلما تتأثر بالضوء، وبعد التعرض للاشعاع تحمض او تثبت الافلام او الاوراق بالوسائل العادية. وقد استخدمت هذه الطريقة منذ امد بعيد للكشف عن الاشعاع وتمتاز بانها تحدد مكان مصدر الاشعاع، وشدة توزيعه بدقة كبيرة، وذلك لان درجة تأثر الافلام او الاوراق تتناسب طردياً مع كمية الاشعاع الساقط عليها. تسمى صورة الجسم المشع بالصورة الاشعاعية الذاتية وتسمى الطريقة بالتصوير الاشعاعى الذاتى. تستخدم هذه الطريقة حتى الان لتحديد كمية الاشعاع التى يتعرض لها من يتعرضون للاشعاع بحكم اعمالهم وذلك بتثبيت شارة بها فيلم على صدر العلمل كلما دخل الى اماكن الاشعاع ثم يتم تحميض ذلك الفيلم بعد فترة معينة حسب قوة الاشعاع ومن ثم يتم تحديد الجرعة الاشعاعية وما اذا كانت قد جاوزت الحد المسموح به لكل عامل على حدة.

2/ الطرق الفلورنسية: تتمتع مواد عديدة بخاصية امتصاص الاشعة ذات التردد العالى مثل اشعة غاما واكس والاشعة فوق البنفسجية. كذلك لهذه المواد القدرة على امتصاص الطاقة الحركية من الجسيمات سريعة التحرك، مثل جسيمات للفا وبيتا وتحويلها الى اشعة ذات تردد اقل بحيث يمكن ملاحظتها بالعين. من الامثلة شائعة الاستخدام لهذا المبدأ، المادة المضيئة بعقارب بعض الساعات التى تتكون من كبريتات الراديوم مخلوطة بكبريتيد الخارصين بنسبة واحد فى المائة الف. تمتص جسيمات الفا غير المرئية من الراديوم فى كبريتيد الخارصين فيشع بدوره وميضاً اخضراً فتصبح الساعة مضيئة فى الظلام.

3/ طريقة غرف السحاب: اكتشف عالم الطبيعة ويلسون هذه الطريقـــة منـــذ العـــام 1911 وفيها يتم تشبيع حجم معين من الهواء ببخار الماء او ببخار الكحول فى حيز الغرفة والتى يبلغ حجمها من لتر الى لترين. ثم يمدد الهواء بسرعة ليبرد ويصـــبح فوق مشبع بالبخار، فاذا وضعنا مادة مشعة داخل غرفة السحاب فاننا نشاهد خطوطا دقيقة من الضباب او السحاب تنبعث من المادة المشعة نتيجةً لتكثف البخـــار علـــى سطح ازواج الايونات (الكترونات وايونات موجبة) المتكونة من تـــأثير الاشـــعاع المؤين وتبين لنا هذه الآثار او المسالك بمجرد النظر اليهـــا، المســـافة التىقطعتهـــا الجسيمات وطاقاتها (التى تتناسب طردياً مع عدد ازواج الايونات وبالتالى مع كثافة المسالك) واصطدامات الجسيمات بالاضافة الى تغير اتجاه المسالك نتيجـــة تـــأثير القوى الخارجية مثل المجال الكهربائى، او المجال المغنطيسى، كما يمكـــن اعـــداد صور فوتوغرافية للمسالك التى تظهر فى غرف السحاب للدراسة الدقيقة فيما بعد.

4/ طريقة كاشف تأين الغاز: فى هذه الطريقة تمر الجسيمات المؤينة خلال غاز بين قطبين مشحونين حيث تنجذب الالكترونات والايونات المتكونة نتيجة لتأين الغاز نحو القطبين مسببة ومضة تيار كهربى. ويتكون هذا الكاشف من انبوبة معدنيـــة تمثـــل القطب السالب وتغطى جهتها المقطوعة بوساطة غلاف رقيـــق مـــن مـــادة يمكـــن لجسيمات الفا او بيتا اختراقها بسهولة، وتستخدم المايكا عادةً لهذا الغـــرض ويمثـــل القطب الموجب ابرة معدنية تمر من ثقب فى الجهة الاخرى من الانبوبة، ويوضـــع عازل كهربائى بين القطبين وعندما يقع القطبان تحت فرق جهد مرتفـــع باســـتخدام مصدر جهد كهربائى مناسب، فان اية ايونات تكون قد تكونت داخل الانبوب نتيجـــة لتأثير الاشعاعات المؤينة، سوف تنجذب نحو القطبين مسببة مرور ومضة كهربائية، او ضوئية يمكن الاستدلال عليها بوساطة وسائل كهربائية او ضوئية، كمـــا يمكـــن تسجيلها بعد تكبيرها بوساطة وسائل الكترونية. وعندما يكون فـــرق الجهـــد عـــالٍ بدرجة كافية فان الايونات الموجبة والالكترونات المتكونة من تأثير الاشعاع تســـرع نحو القطبين بقوة مؤينة بدورها جزيئات اخرى من الغاز فتطلق الكتروناتها وتعمـــل

انبوبة كاشف جيجر ـ ميلر عند فرق جهد كاف لإطلاق اكثر من مليون الكـــترون لكل الكترون انطلق فى البداية من تأثير الاشعاع المؤين.

5/ الكشف عن اشعة غاما بالطريقة الوميضية: لكى نفهم هذه الطريقـــة يجـــب ان نتعرف اولاً على تأثير اشعة غاما على المادة بصفة عامة حيث ان لها ثلاث تأثيرات نوجزها فيما يلى:

أ/ التأثير الكهرضوئى: اكتشفه اينشتين ونال عنه جائزة نوبل، وطبقاً لهـــذا التأثير يتم استهلاك طاقة الفوتون بالكامل فى اطلاق الكترون مـــن احـــدى ذرات المادة ويكتسب ذلك الالكترون طاقة حركة مساوية لطاقـــة الفوتـــون الساقط على المادة ناقصاً طاقة ربط الالكترون فى تلك الذرة:

ب/ تأثير كومبتون: فيه يستهلك جزء من طاق الفوتون الساقط فى عمليـــة التأثير الكهروضوئى, ويظهر باقى الطاقة على شكل فوتون ثانوى تردده اقل بالطبع من الفوتون الاول، ويعتمد هذا التردد وبالتالى طاقة الفوتـــون الثانوى على زوايا تشتت الفوتونات الاولية.

ج/ انتاج الزوج: عندما تكون طاقة فوتونات اشعة غاما اكثر مـــن 1.02 الكترون فولت فان تأثيرها على المـــادةيـــؤدى للـــى تكـــون الكـــترون وبوزيترون ومجموع الطاقة المكافئة لكليهما 1.02 الكترون فولت اى ان عملية انتاج الزوج هى عكس عملية التلاشى التى تحدث للبوزيترون عند تلاقيه بأول الكترون. اذن يمكن اعتبار عملية انتاج الزوج عملية يتم فيـــه تحويل الطاقة الى مادة كتلتها حوالى 0.0011 من وحدات الكتلة الذرية.

عند حدوث احد التأثيرات سالفة الذكر لمادة وميضية فان الاثارة الفوتونية سوف تتبعهـــا تهدئة نظراً للتركيب البلورى الثابت لتلك المواد والذى لا يسمح باطلاق الكترونات منها وينتج عن اعادة تهدئة الالكترونات المستثارة وميض ضوئى يمكن تحويله الى ومضـــة كهربائية باستخدام ما يسمى بالفوتوكاثود ومن ثم تقوية تلك الومضة باستخدام مضاعف ضوئى. وباستخدام الوسائل الالكترونية الاخرى يمكن ايصال الومضة للـــى المســـتوى الذى يسمح بتسجيلها فى جهاز عداد الاشعة الغامية

اذا وضعنا بين الكاشف والعداد وسيلة كهربائية او حائلاً كهربائياً (جهدياً) يسمح بمرور الومضلت ذات المستوى الأعلى من مستوى ذلك الحائل وآخر يسمح بمرور الومضات ذات المستوى الاقل من مستواه فان الحائلين سوف يمثلان قناة يمكن امرارها من ادنى الى اعلى مستوى للجهد (الطاقة) واعد الاشعاعى فى كل مرة. يسمى مثل هذا الجهاز بالمطياف الغامى حيث يسمح بتحديد مصادر التلوث الاشعاعى ذات الطاقات المختلفة اذا تمت معايرته بوساطة مصادر اشعاعية ذات طاقات معروفة. وهذا النوع من اجهزة المطياف الغامى يطلق عليه المحلل وحيد القناة وهو رخيص الثمن ولكنه يحتاج للى وقت طويل لتسجيل الطيف الغامى لتحديد الملوثات الاشعاعية المختلفة. لقد انتجت الآن انواع عديدة من الاجهزة متعددة القنوات المحللة يحتوى بعضها على اكثر من ثملنية آلاف محللة تعمل على نفس المنوال ويمكن تسجيل قراءآت القنوات المختلفة فى جهاز حاسوب, ويمكن بعد ذلك طبعها بواسطة طابع او رسم الاطياف الغامية بوساطة رسام بيانى.

الباب الخامس
انتشار الملوثات الهوائية

5 - 1 مقدمة

تؤثر عوامل الأرصاد الجوى بصورة كبرى على انتشار الملوثات الهوائية، وتحكم هـذا الانتشار ثلاثة عناصر تضم: مصدر التلـوث، وحركـة الملـوث، والمسـتقبل للتلـوث Recipient، كما موضح في شكل 5-1. يؤدى التمدد المستمر للغلاف الجـوى (فـي عمليات تبادل الحرارة) إلى ضغط الغازات مستخدما في ذلك الطاقة الشمسية لإتمام هـذه الحركة. كما وأن فرق الحرارة الدافعة بين خط الاستواء والقطبين يعطى للـدورة الكليـة الأولية للغلاف الجوى المحيط بالأرض {6، 10، 20}.

من أهم العوامل المؤثرة في حركة نقل الملوثات{2، 6، 20}: اتجاه وسرعة الريـاح السائدة، والاضطراب، ودرجة الحرارة في الغلاف الجوى. تعتمد سرعة الريـاح جزئيـا على خارطة الضغط الجوى. وعندما تكون منحنيات تساوى الضغط الجـوى Isobars (الخطوط ذات الضغط المتساوي) متقاربة من بعضها البعض ينحدر ميل الضغط وتزيـد سرعة الرياح نسبيا. أما عندما تكون خطوط تساوى الضغط الجوى متباعدة من بعضهـا

121

تكون الرياح خفيفة، وربما تنعدم . وتنتشر الملوثات تحت عولمل الاضطراب عندما تنبعث في شكل ريشة Plume من مصدر مستمر أو في شكل نفخة (نفث متقطع Puff) من مصدر فوري {2}. وكلما زادت سرعة الرياح زاد الاضطراب الميكانيكي. وهذه الزيادة في الاضطراب الميكانيكي تسهل انتشار الملوثات ونشرها في الغلاف الجوى { 20}. تتأثر سرعة الرياح واتجاهها والاضطراب في الطبقة الهوائية على ارتفاع كيلومتر واحد أعلى سطح الأرض (حيث تنفث معظم الملوثات) بصورة كبرى ببنية الغلاف الجوى الرأسي والتي يطلق عليها معدل انقضاء الحرارة Lapse rate of temperature {2}. ويكون مقطع الهواء مستقرا لبعض درجات الحرارة وهذا مما يعنى أن الهواء على ارتفاع معين تعمل عليه قوى طبيعية تجعله يميل إلى الاستقرار على ذلك الارتفاع. ويقلل الهواء المستقر من انتشار الملوثات وتخفيفها. أما لبعض درجات الحرارة في مقاطع أخرى فيكون الهواء غير مستقر وفي هذه الحالة يحدث مزج رأسي سريع يساعد انتشار الملوثات ويحسن من نوع الهواء. ومن الواضح أن الاستقرار الرأسي للغلاف الجوى معيار مهم يساعد لإيجاد قابلية الغلاف الجوى لتخفيف المواد المبتعثة {6، 10، 43}.

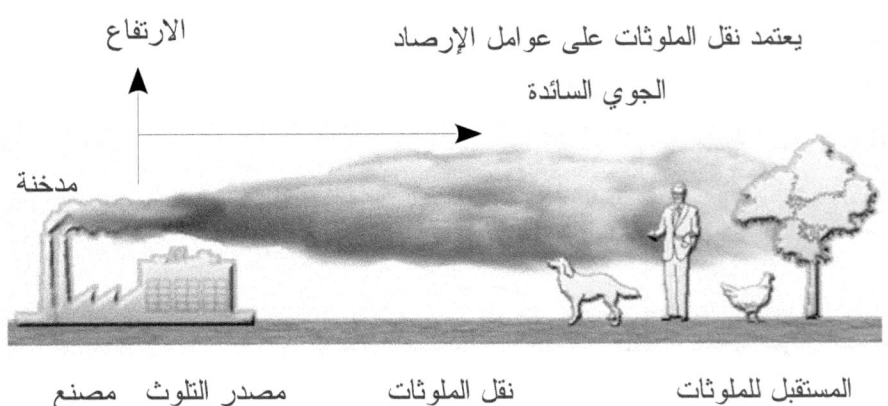

شكل 5-1 انتشار الملوثات الهوائية

5 – 2 الانتشار الرأسي للملوثات

عندما ترتفع كتلة من الهواء عبر غلاف الأرض الجوى يقل تأثير ضغط جزيئات الهـــواء المحيط عليها مما يجعلها تتمدد. ويؤدى هذا التمدد إلى نقصان حرارة كتلة الهواء. ويسمى معدل تبريد الهواء الجاف المرتفع إلى أعلى معـــدل الانقضـــاء الجـــاف الأديبـــاتي Dry adiabatic lapse rate ولا يعتمد على درجة حرارة الهواء السائد. والحالة الأديباتية تعني عدم وجود تبادل حرارة بين كتلة الهواء المعني والهواء المحيط بها. وتسمى قياسات الحرارة والارتفاعات الحقيقية معدل الانقضاء الموجود Prevailing lapse rates كما موضح في شكل 5-2، ومن ثم يمكن تعريف الحالات الآتية {3، 6}:

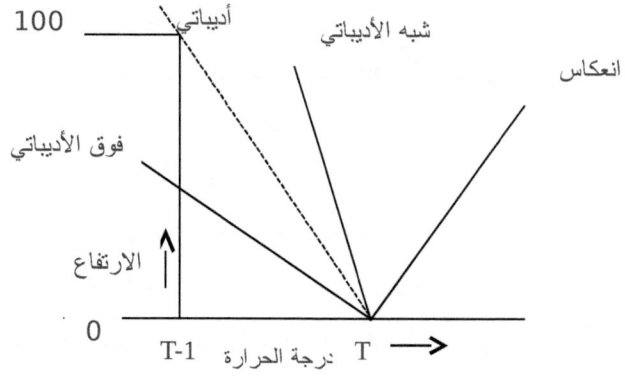

شكل 5-2 معدل الانقضاء الموجود {10}

- معدل انقضاء معتدل Neutral lapse rate: تحدث هذه الحالة عندما يكون معدل الانقضاء الموجود مساوي لمعدل الانقضاء الأديباتي، حيث تتولد حالة اتزان معتدل.
- معدل انقضاء فوق الأديباتي، أو معدل انقضاء قوى Super adiabatic lapse rate: تحدث هذه الحالة عندما تهبط درجة حرارة الغلاف الجوى إلى أكثر من درجة مئوية واحدة لكل مائة متر.
- معدل انقضاء شبه أديباتي، أو معدل انقضاء ضعيف Subadiabatic lapse rate: يتفرد بهبوط في الحرارة إلى أقل من درجة مئوية واحدة لكل مائة متر.

- معدل انقضاء عكسي Inversion: هذه حالة خاصة لمعدل انقضاء ضعيف، ويوجد فيها هواء ساخن فوق هواء بارد.
- حالة تدخن Fumigation: تحدث الريشة عندما ترتفع طبقة متزنة من الهواء (على بعد قليل فوق نقطة نفث الريشة) تحت الريشة. وتحدث هذه الظروف عندما يتلاشى انعكاس في الساعات الأولى من الصباح عند بزوغ الشمس؛ أي عندما تصل الطبقة المضطربة المرتفعة من سطح الأرض الساخن إلى ريشة مروحية نفثت وحجزت على ارتفاع المدخنة الفعال في الانعكاس أثناء الليل السابق. وتُحمل كميات كبيرة من تراكيز غاز المدخنة أدنى اتجاه الرياح لسطح الأرض. يزداد التدخن بالسماء الصافية ويحدث بكثرة خلال الصيف. وهذه حالة خطيرة، تحجز فيها الملوثات الهوائية تحت حالة عكس وتمزج بفعل معدل الانقضاء الكبير.
- عكس حالة التدخن هي حالة الريشة العالية Lifting plume والتي تحدث عندما تنفث المدخنة أعلى الانعكاس، أو عندما تحمل قوى طفو الريشة المنفوثات من المدخنة خلال طبقة منعكسة لطبقة أقل اتزاناً أعلى منها. وتنتشر الريشة فوق الانعكاس نسبة لأن أعلى الانعكاس يعمل كطبقة عازلة تمنع كافة الغازات ومنفوثات الحبيبات الصغيرة من الوصول لسطح الأرض. وهذه الحالة للريشة هي إحدى الحالات المطلوبة والتي يؤمل فيها لتشغيل المداخن العالية في المنشآت الكهربائية والمصانع.
- الريشة الحلقية Looping plume: وهذه أيضا حالة خطيرة نسبة للتركيز العالي للملوثات على سطح الأرض عند ملامسة الريشة لسطح الأرض. وتحدث خلال ظروف عدم الاستقرار لرياح خفيفة في ظهيرة يوم صيف حار عندما تقوم للدوامات الحرارية الكبيرة بحمل أجزاء من الريشة لسطح الأرض لفترات زمنية قصيرة. وجزء الريشة الملامس للأرض ينتج تراكيز عالية من الملوثات خلال تلك الفترة وتؤشر الريشة لحالة معدل انقضاء فوق الأديباتي في الغلاف الجوي.
- الريشة المخروطية Coning plume: تحدث عند انتشار الريشة بفعل الرياح تحت ظروف جوية معتدلة الاتزان. وبما أن أثر التسخين الحراري يقلل كثيراً من حالة

الريشة الحلقية، فإن الريشة المخروطية تحدث تحت ظروف سماء ملبدة بالسحب خلال النهار أو الليل. والجزء الأكثر من تركيز الملوثات يحمل لمسافات أدنى اتجاه الرياح قبل أن يصل إلى مستوى سطح الأرض بكميات مؤثرة.

- الريشة المروحية Fanning plume: تحدث عند انتشار الريشة تحت ظروف لغلاف جوي شديدة الانعكاس خلال الأمسية أو الليل أو أوائل الصباح؛ والغلاف الجوي في حالة استقرار مطلق وينعدم الاضطراب الميكانيكي. وإذا كانت كثافة الريشة لا تختلف كثيراً عن الغلاف الجوي المحيط، فإن الريشة ترتحل أدنى اتجاه الرياح على ارتفاع ثابت نسبياً وتصل كميات ضئيلة من الملوثات المنفوثة للأرض.
- الريشة المعاقة Trapping plume: تحدث عند نفث الملوثات في الطبقة الهوائية المستقرة بين انعكاسين أعلى وأدنى ارتفاع المدخنة ويحد من انتشار الملوثات بشدة للطبقة بين منطقتين مستقرتين.

عادة يستغل نوع الريشة (ذيل الدخان Smoke trails) المنبعثة من المداخن للتعرف على اتزان الغلاف الجوى. ويبين شكل 5-3 عدة أحوال للريشة وثبات الغلاف الجوى واستقراره طبقاً للتغير في الارتفاع ودرجة الحرارة.

من المؤثرات على الريشة الخواص العامة للمنطقة المحيطة بالمدخنة، وموضع المباني وطبيعتها بالنسبة للمدخنة، بالإضافة إلى أطر حركة الرياح بين المباني والفراغات الهوائية التي قد تتولد بسبب حركة الرياح. ومن المعادلات الافتراضية التي يمكن استخدامها عند تصميم المداخن المجاورة للمباني {1}:

$$H_{stack} \geq 2.5\, H_{building} \qquad 5-1$$

حيث:

H_{stack} : طول المدخنة المجاورة للمباني.

$H_{building}$: طول المبنى المجاور.

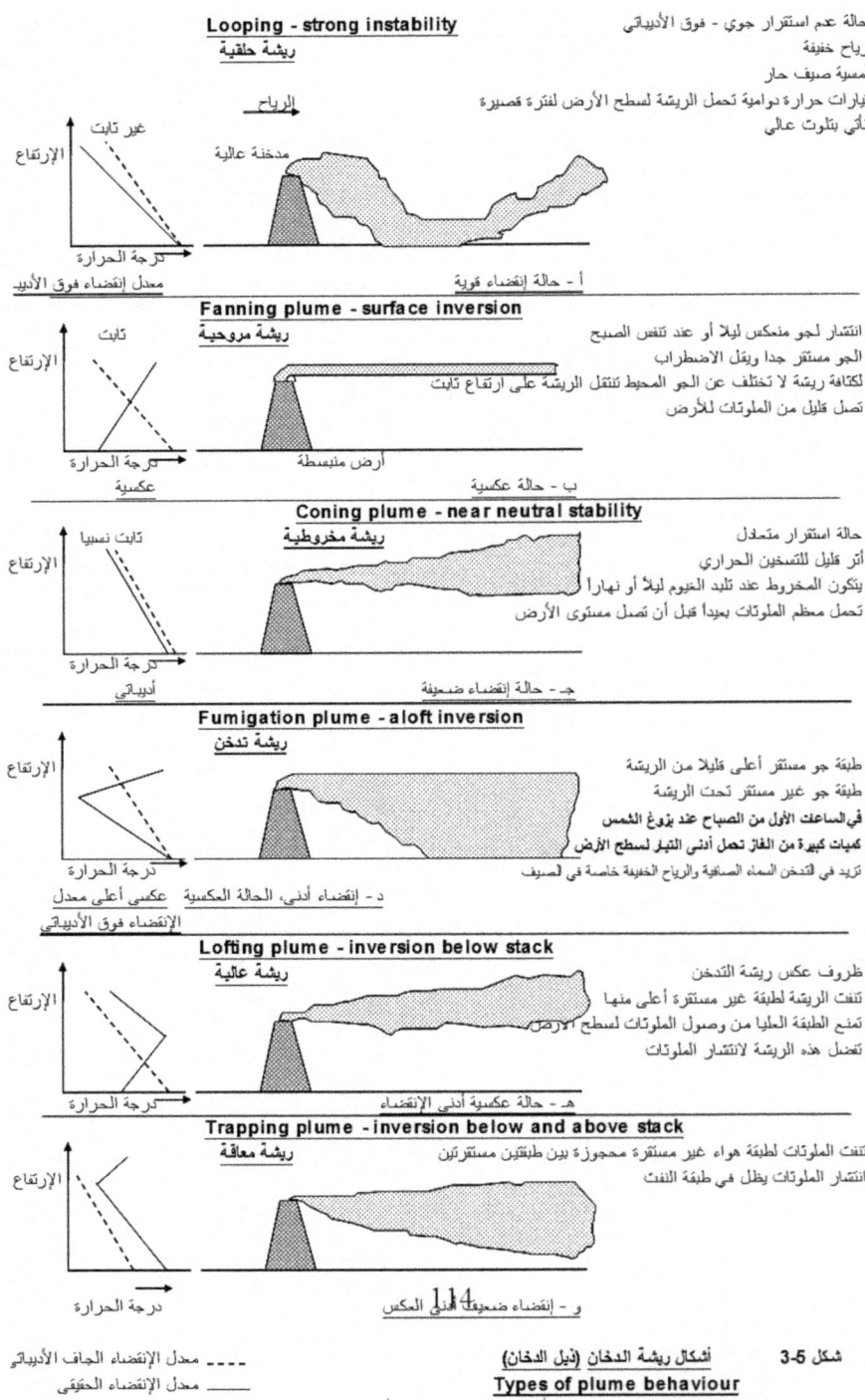

Looping - strong instability
ريشة حلقية

حالة عدم استقرار جوي - فوق الأديباتي
رياح خفيفة
أمسية صيف حار
تيارات حرارة دوامية تحمل الريشة لسطح الأرض لفترة قصيرة
تأتي بتلوث عالي

الإرتفاع — غير ثابت
الرياح — مدخنة عالية
درجة الحرارة

معدل إنقضاء فوق الأديب — أ - حالة إنقضاء قوية

Fanning plume - surface inversion
ريشة مروحية

انتشار لجو منعكس ليلا أو عند تنفس الصبح
الجو مستقر جدا ويقل الإضطراب
لكثافة ريشة لا تختلف عن الجو المحيط تنتقل الريشة على ارتفاع ثابت
تصل قليل من الملوثات للأرض

الإرتفاع — ثابت
درجة الحرارة
عكسية — أرض منبسطة

ب - حالة عكسية

Coning plume - near neutral stability
ريشة مخروطية

حالة استقرار متعادل
أثر قليل للتسخين الحراري
يتكون المخروط عند تلبد الغيوم ليلاً أو نهاراً
تحمل معظم الملوثات بعيداً قبل أن تصل مستوى الأرض

الإرتفاع — ثابت نسبيا
درجة الحرارة
أديباتي

جـ - حالة إنقضاء ضعيفة

Fumigation plume - aloft inversion
ريشة تدخن

طبقة جو مستقر أعلى قليلا من الريشة
طبقة جو غير مستقر تحت الريشة
في الساعات الأول من الصباح عند بزوغ الشمس
كميات كبيرة من الغاز تصل أدنى التيل لسطح الأرض
تزيد من تدخن السماء الصافية والرياح الخفيفة خاصة في الصيف

الإرتفاع
درجة الحرارة

إنقضاء أدنى، الحالة العكسية   عكسي أعلى معدل
الإنقضاء فوق الأديباتي — د - إنقضاء أدنى، الحالة العكسية

Lofting plume - inversion below stack
ريشة عالية

ظروف عكس ريشة التدخن
تنفث الريشة لطبقة غير مستقرة أعلى منها
تمنع الطبقة العليا من وصول الملوثات لسطح الأرض
تفضل هذه الريشة لانتشار الملوثات

الإرتفاع
درجة الحرارة

هـ - حالة عكسية أدنى الإنقضاء

Trapping plume - inversion below and above stack
ريشة معاقة

تنفث الملوثات لطبقة هواء غير مستقرة محجوزة بين طبقتين مستقرتين
انتشار الملوثات يظل في طبقة النفث

الإرتفاع
درجة الحرارة

و - إنقضاء ضعيف أدنى العكس

معدل الإنقضاء الجاف الأديباتي ـ ـ ـ ـ
معدل الإنقضاء الحقيقي _____

أشكال ريشة الدخان (نيل الدخان)   شكل 5-3
Types of plume behaviour

126

5 – 3 نماذج انتشار الملوثات الهوائية

إن تيار المنفوثات من المداخن يمكن أن يتكون من غازات، أو غازات الحبيبات وجوامدها. إن كان قطر الجسيمات يساوي أو يقل عن 20 ميكرومتر، فإن سرعة ترسبها تكون قليلة مما يجعلها تتحرك بنفس صورة الغاز المنغمرة فيه. أما الحبيبات الأكبر قطراً فإن لها سرعة ترسيب مؤثرة مما يزيد معه تراكيز الملوثات على سطح الأرض بالقرب من المدخنة مقارنة بالغازات. وللحصول على أقصى انتشار ينبغي أن تخرج المنفوثات من المدخنة بكمية حركة وطفو يجعلها مستمرة في الارتفاع من مخرج المدخنة. ومن الأهمية بمكان المقدرة على التكهن بتراكيز الملوثات في المناطق الحضرية اعتماداً على انتشارها من مصادرها في المناطق المجاورة وذلك لتحقيق المعايير والتشريعات المطلوبة والمتعلقة بنوعية الهواء حتى وإن ازدادت الصناعات وانتشرت المساكن بالمنطقة.

يمكن تعريف انتشار الملوثات الهوائية على أنه عملية نشر المواد المبتعثة على منطقة كبيرة تعمل على تخفيف تركيز هذه المواد الملوثة. أما نموذج الانتشار فهو عبارة عن وصف رياضي لعملية نقل وانتشار الملوثات وإيجاد قيمها مقارنة بالمصدر وعوامل الرصد الجوى عبر فترة زمنية محددة. وتنتج محصلة الحسابات العددية تقدير للتراكيز ملوث معين، في مناطق محددة، وفترات زمنية معروفة. ويتحقق من النموذج بقياس تركيز الملوث الهوائي المعين ومقارنة نتائج القياس مع القيم المحسوبة والمقدرة عن طريق النموذج، عبر استخدام معايير إحصائية معينة ومتفق عليها.

أما عوامل الرصد الجوى المطلوب إدراجها في النموذج الرياضي فتختلف باختلاف النموذج المفترض وتتداخل مع بعضها البعض ومن أمثلتها: العوامل الطبيعية الكيميائية والفيزيائية لتيار الملوثات، وعوامل الارصاد الجوي من اتجاه وسرعة الرياح، وثبات الغلاف الجوى، ومعدل الانقضاء، وارتفاع الخلط الرأسي، ودرجة الحرارة، وموضع المدخنة بالنسبة لمعيقات حركة الهواء، وطبيعة طبغرافية المنطقة أدنى اتجاه الرياح من الريشة. ويمكن تقسيم النماذج إلى نماذج قصيرة الأجل ونماذج مناخية.

أما النماذج قصيرة الأجل فيتم اختيارها لتحقيق أحد أو كل من الأهداف التالية:

1. تقدير درجات تركيز الملوثات السائدة عندما يصعب عملياً أخذ عينة (مثلا بالنسبة للأنهار والبحيرات أو عند الارتفاعات الشاهقة).

2. تقدير الانخفاض الطارئ المطلوب عند مصدر التلوث مقارنة بفترات ركود الهواء في حالة الإنذار من التلوث الهوائي.

3. تقدير أكثر المناطق (فوق سطح الأرض) المحتمل تواجد أكبر تركيز للملوثات بها في المدى القصير، وذلك كجزء من خطة تقويم اختيار أنسب منطقة لوضع جهاز الرصد ومراقبة تلوث الهواء.

أما النماذج المناخية فتستخدم لتقدير التراكيز المتوسطة عبر حقبة طويلة من الزمن، أو لتقدير التراكيز المتوسطة الموجودة في فترة زمنية محددة من اليوم لكل فصول السنة لمدة زمنية طويلة. وتستخدم النماذج طويلة الأجل للمساعدة لتنمية أو تطوير أو مراجعة أو تعديل تشريعات المواد المبتعثة {10، 20}.

توجد عدة أطر من نماذج الانتشار التجريبية المطورة مثل منحنى جوسيان، والنموذج العددي، والنموذج الإحصائي، والنموذج الطبيعي، والنموذج العقلاني. ويعتبر نموذج جوسيان من أكثرها استخداما. أما النموذج العددي فيلجأ إليه عند وجود الملوثات المتفاعلة من مجموعة مصادر. والنموذج الإحصائي والعقلاني يلجأ إليها عند تعذر استخدام نموذج جوسيان والنموذج العددي. أما النموذج الطبيعي فيضم استخدام أنفاق الرياح وغيرها من نماذج الموائع {16}. وتعبر هذه النماذج عن صور رياضية لنقل الملوثات وانتشارها عبر منطقة معينة، كما وتقوم بتقدير درجة تراكيز الملوث في الريشة الدخانية أو في نقطة مرتفعة من سطح الأرض أعلى مصدر التلوث {6، 10، 14، 18}.

5 – 4 نموذج جوسيان

تفترض معظم النماذج تقدير المتوسط الزمني للملوث أدنى اتجاه الرياح من مصدرها، باستخدام منحنى التوزيع الطبيعي أو منحنى جوسيان Gaussian. ويتحقق نموذج منحنى

التوزيع الطبيعي الأساسي لمصدر وحيد التلوث (مثل المدخنة)، غير أنه يمكن تطوير النموذج ليخدم مصادر خطية (مثل المواد المبتعثة من سيارة في الطريق) أو لمصادر منطقة{10، 43}. ومن أهم الافتراضات المدرجة عند تحليل النموذج ما يلي{3، 6، 10، 43}.

- استمرارية نفث الملوث من المصدر.
- عمليات الانتشار والابتعاث تتبع حللة مستقرة أو مطردة Steady state (dC/dt = 0).
- غالبا تتحرك الملوثات أدنى اتجاه الرياح.
- لا تتغير سرعة الرياح بالنسبة للزمن أو الارتفاع.
- الملوث محافظ، أي أنه لا يفقد بالاضمحلال، أو بالتفتيت، أو بالتفاعل الكيميائي، أو بالترسيب، ولا يحجز جزء منه عندما يصل إلى الأرض بل ينعكس جميعه.
- تعتبر الأرض مستوية تقريبا أو تعتبر المنطقة مفتوحة.
- تكون أكبر درجة تركيز لجزيئات الملوث على خط الريشة المركزي.
- تنتشر الجزيئات تلقائيا من مناطق التركيز العالية إلى مناطق التركيز المنخفضة.

يبين شكل 5-4 رسم مبسط لنموذج جوسيان. ويمكن تمثيل الريشة لمصادر محددة مثل المدخنة حسب الرسم 5-2 ورغماً عن أن الريشة تصدر لارتفاع المدخنة الفعلي h غير أنها ترتفع مسافة Δh بسبب قوى الطفو للغازات الساخنة وكمية الحركة للغازات الخارجة من المدخنة للأعلى بسرعة v_s. ومن ثم يمكن افتراض الريشة لأغراض تطبيقية كأنها صادرة من مصدر نقطة على ارتفاع إجمالي H. ويقع هذا المصدر النقطة على مسافة معينة خلف موقع المدخنة وعلى الخط المركزي للريشة عند النقطة x = صفر. وتوضح المعادلة 5-2 معادلة ريشة جوسيان لتركيز الغاز أو الإيرسول ذي القطر الأقل من 20 ميكرومتر والمحسوب على ارتفاع مستوى الأرض لمسافة (x) أدنى اتجاه الرياح{3، 6، 10، 14، 17، 43}.

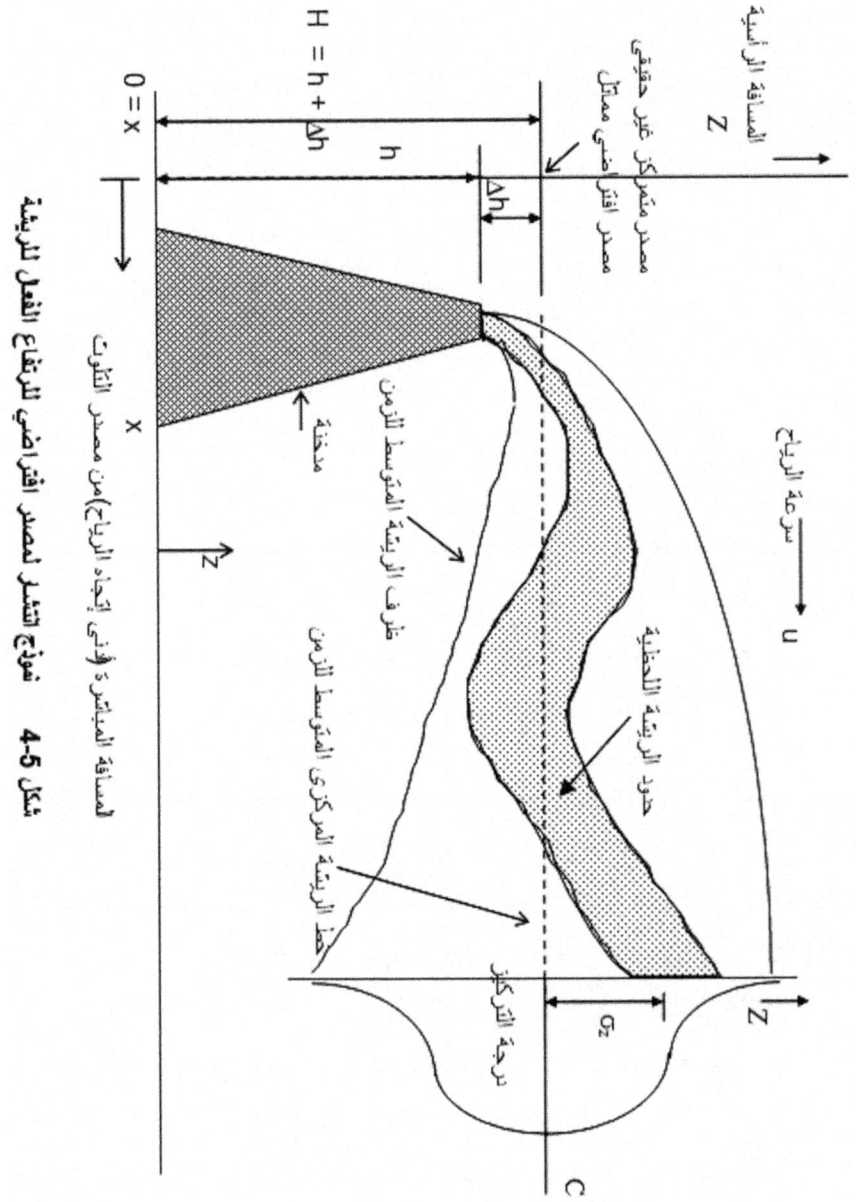

شكل 4-5 نموذج انتشار لمصدر افتراضي للرتفاع الفعل للريشة

$$C(x,y) = \frac{Q}{\pi u \sigma_y \sigma_z}\left[\exp\left[\frac{-1}{2}\left[\frac{H}{\sigma_z}\right]^2\right]\exp\left[\frac{-1}{2}\left[\frac{y}{\sigma_y}\right]^2\right]\right]$$ 5-2

حيث:

C (x,y) = درجة تركيز الملوث على سطح الأرض على النقطة (x, y) ، جم/م ^{3}

(x,y) = إحداثيات المستقبل للملوثات الهوائية

Q = معدل المواد المبتعثة أو الملوثات (قوة نفث المصدر، كتلة النفث في وحدة الزمن)، جم/ث

u = سرعة الرياح المتوسطة على ارتفاع المدخنة الفعال، م/ث

σ_y = الانحراف المعياري الأفقي لتركيز الريشة، والتي تقدر للمسافات (x) أدنى اتجاه الرياح، م (انظر شكل 5-5)

σ_z = الإنحراف المعياري الرأسي لتركيز الريشة والتي تقدر للمسافات (x) أدنى اتجاه الرياح، م (انظر شكل 5-5)

H = ارتفاع المدخنة الفعال، م

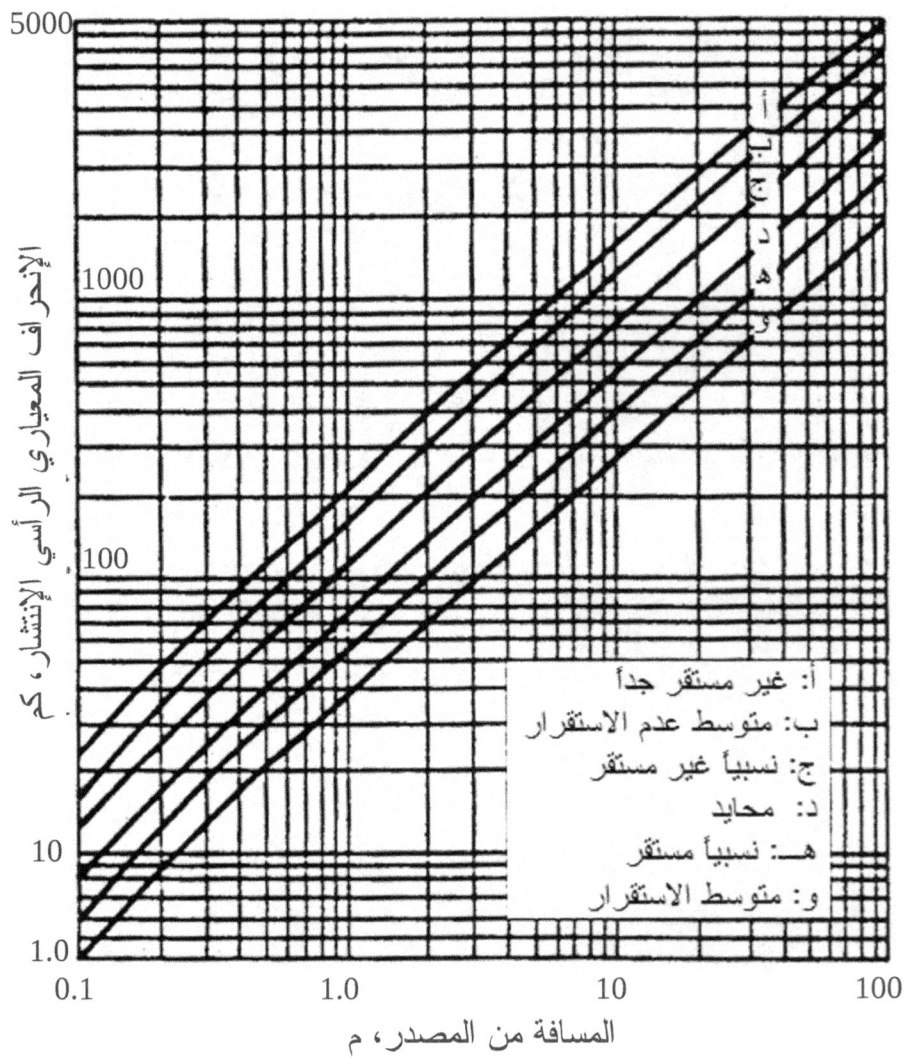

شكل (5-5 أ): معامل انتشار الريشة كدالة في المسافة أدنى اتجاه الرياح من المصدر

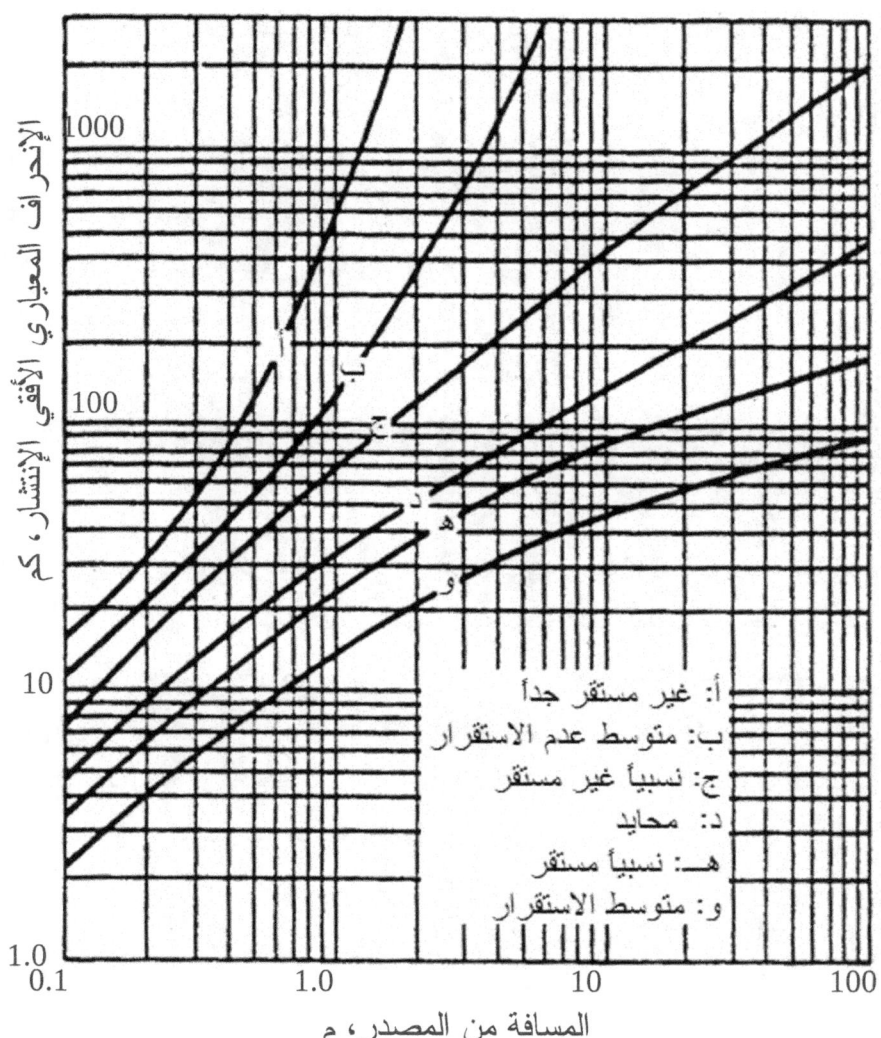

شكل (5-5 ب): معامل انتشار الريشة كدالة في المسافة أدنى اتجاه الرياح
من المصدر

أما ارتفاع المدخنة الفعال لمصدر النقطة الافتراضي فيمكن تقديره من المعادلة 5-3.

$$H = h + \Delta h \qquad\qquad 5\text{-}3$$

حيث:

H   = ارتفاع المدخنة الفعال، م

h   = ارتفاع المدخنة الحقيقي أو الطبيعي، م

Δh = ارتفاع الريشة، م

y   = المسافة مباشرة أدنى اتجاه الرياح من خط الريشة المركزي، م

x   = المسافة الأفقية أدنى اتجاه الرياح عبر خط الريشة المركزي المتوسط مـــن نقطـــة المصدر، م

هناك عدة معادلات وأنظمة لتقدير ارتفاع الريشة Δh ومن هـــذه المعـــادلات: معادلـــة ومسيس وكارسون Carson and Moses، ومعادلة براينت-ديفدسن، ومعادلة كونكيو Concawe، ومعادلة برقز Briggs، ومعادلة هولاند. عادة هناك بعض المعايير التي تتحكم في ظاهرة الريشة الغازية المنفوثة في الغلاف الجوي من المدخنة؛ مثل: خـــواص المدخنة، وظروف الإرشاد الجوية، وطبيعة المواد المبتعثة الكيميائية والفيزيائية. تنـــص معادلة كارسون وموسس كما مبين في المعادلة 5-4.

$$\Delta h = -0.029\,\frac{v_s d}{u} + 2.62\,\frac{\left[Q_h\right]^{\frac{1}{2}}}{u} \qquad\qquad 5\text{-}4$$

حيث:

Δh = ارتفاع الريشة (م)

v_s = سرعة الغاز المنبعث من المدخنة (م/ث)

d = قطر مخرج الغاز (م)

u = السرعة لحظة خروج الغاز من المدخنة (م/ث)

Q_h = مدخل نفث الحرارة (كيلو جول/ث)

يمكن إيجاد Q_h من المعادلة 5-5.

$$Q_h = \acute{m}C_p(T_s - T_a) \qquad\qquad 5\text{-}5$$

حيث:

$\acute{m}$ = معدل دفق كتلة غاز المدخنة (كجم/ث)

$$m = \frac{\pi d^2 v_s P}{4 R T_s} \qquad\qquad 5\text{-}6$$

حيث:

C_p = الحرارة النوعية للضغط الثابت لغاز المدخنة

T_s = درجة حرارة غاز المدخنة عند مدخلها (كلفن)

T_a = درجة حرارة الغلاف الجوي على ارتفاع المدخنة (كلفن)

أما معادلة كونكاوي لملاحظات في أوربا فتنص على Δh المبينة في المعادلة 5-7.

$$\Delta h = 2.71 \frac{Q_h^{\frac{1}{2}}}{u^{\frac{3}{4}}} \qquad\qquad 5\text{-}7$$

معادلة برقز Briggs المطورة لتقدير ارتفاع الريشة حسب بيانات محطات طاقة تنص على Δh المبينة في المعادلة 5-8.

$$\Delta h = \frac{114 C [F]^{\frac{1}{3}}}{u} \qquad\qquad 5\text{-}8$$

$$F = \frac{g v_s d^2}{4} \frac{[T_s - T_a]}{T_a} \qquad\qquad 5\text{-}9$$

حيث:

g = عجلة الجاذبية الأرضية (= 9.8 م/ث^2)

F = مقدرة بوحدة $m^4 s^{-3}$

$$C = 1.58 - 41.4 \left[\frac{\Delta Q}{\Delta z} \right] \qquad\qquad 5\text{-}10$$

حيث:

C = ثابت (لا بعدي)

$\frac{\Delta Q}{\Delta z}$ = ميل الحرارة potential temperature gradient (-0.001 إلى 0.013) (كلفن/م)

144 = ثابت (م $^{\frac{2}{3}}$)

وتبين المعادلة 5-11 معادلة هولاند {4، 10، 13، 18}.

$$\Delta h = \frac{v_s d}{u}\left[1.5 + 2.68\times 10^{-2} Pd\left[\frac{T_s - T_a}{T_s}\right]\right] \qquad 5\text{-}11$$

حيث:

Δh = ارتفاع الريشة أعلى المدخنة، م

v_s = سرعة غاز المدخنة، م/ث

d = القطر الداخلي للمدخنة، م

u = سرعة الرياح، م/ث

P = الضغط البارومترى، كيلو باسكال

T_s = درجة حرارة غاز المدخنة، كلفن

T_a = درجة حرارة الهواء، كلفن

تعد معادلة هولاند أكثر صحة للمداخن العالية.

أما قيم الانحراف المعياري σ_y و σ_z فتعتمد على اضطراب البنية أو اسد تقرار الغلاف الجوى، هذا بالإضافة إلى اعتمادها على المسافة من المصدر. وعلى معامل الانتشار أو كتل انتشار الغاز خلال وسط آخر في الاتجاهين y و z. وقد وجدت هـ ذه الانحراف ات بناء على المحددات التالية {1}:

- التراكيز المقدرة باستخدام هذه الرسومات البيانية لمعامل الانحراف يجــب أن تتطابق مع زمن العينة المقدر بحوالي 10 دقائق.
- الانحرافات الرأسية والأفقية مبينة على تضاريس تمثل منطقة مكشوفة.
- التراكيز المقدرة تمثل بصورة تقريبية بضع مئات أمتار مــن الغلاف الجــوي السفلي.

وفي كثير من الحالات مثل ظروف الغلاف الجوي المتعادلة أو متوسطة الاستقرار أو غير المستقرة ولمسافات بضع كيلومترات على الخط المركزي فإن تراكيز المستويات الأرضية المعتمدة على هذه البيانات تقع في حدود معامل 2 أو 3 من القيم الحقيقية {1}. ويمكن تقسيم الاستقرار إلى مصنفات استقرار ست تبدأ من (A) إلى (F). ينسب (A) إلى حالة غلاف جوي غير مستقرة جداً فوق الأديباتي، ويعني القسم (B) حالة غلاف جوي غير مستقرة، وينسب القسم (C) إلى حالة غلاف جوي غير مستقرة نسبيا إلى حالة محايدة، وينسب القسم (D) إلى حالة غلاف جوي مستقرة دون الأديباتي، ويعني القسم E حالة غلاف جوي مستقرة، أما القسم (F) فهو حالة غلاف جوي مستقرة جدا. ويوضح الجدول 5-1 مفتاح لأقسام الاستقرار وسرعات الرياح التي تتناغم وتتماسك مع بعضها البعض.

جدول 5-1 أقسام استقرار الغلاف الجوي {1، 3، 6، 10، 14، 20، 43}

سرعة الرياح السطحية على ارتفاع 10 متر (م/ث)	النهار			الليل	
	الإشعاع الشمسي الساقط			مقدار العتمة	
	قوى	متوسط	قليل	معظمه عتمة	معظمه صافي
المرتبة	1	2	3	4	5
أقل من 2	A	A – B	B	E	F
2 إلى 3	A – B	B	C	E	F
3 إلى 5	B	B – C	C	D	E
5 إلى 6	C	C – D	D	D	D
أكبر من 6	C	D	D	D	D

مفتاح:

A غير مستقر جداً

B متوسط عدم الاستقرار

C نسبيا غير مستقر

D محايد (لابد من افتراض أن حالة العتمة خلال النهار أو الليل بغض النظر عن سرعة الرياح)

E نسبياً مستقر

F متوسط الاستقرار

تتعلق العناصر التالية بالمراتب المرقمة في جدول 5-1:

(1) سماء صافية، والارتفاع الشمسي أكبر من 60 درجة أعلى الأفق، مثال بعـــد الظهر لصيف مشمس، وغلاف جوي ذي حمل عالي جداً.

(2) يوم صيف مع بضع سحب متقطعة، أو يوم صافي والشمس 35 إلى 60 درجة أعلى الأفق.

(3) مثال بعد ظهر صيف ممطر، يوم صيف مع سحب منخفضة ومتقطعة، أو يوم صيف بسماء صافية وارتفاع شمسي 15 إلى 35 درجة أعلى الأفق.

(4) يمكن استخدامه أيضاً ليوم شتاء.

وعند تقدير انتشار الغازات عن مصدر معين ينبغي اختيار مرتبة أو نوع الاستقرار الذي يتفق مع الإقليم والذي يؤدي إلى أسوأ ظروف متوقعة للتلوث.

مثال 5-1

جد الارتفاع الفعال لمدخنة مصنع حسب البيانات التالية:

المنشط	القيمة
ارتفاع المدخنة الطبيعي	120 متراً
قطر المدخنة الداخلي	0.7 متراً

سرعة غاز المدخنة	360 م/دقيقة
درجة حرارة غاز المدخنة	160° م
سرعة الرياح	168 م/دقيقة
درجة حرارة الهواء	20° م
الضغط البارومتري	100 كيلوباسكال

الحل

1- المعطيات: 360 =vs م/دقيقة (= 360 ÷ 60 = 6 م/ث)، d = 0.7 م، u = 175 م/دقيقة (= 168 ÷ 60 = 2.8 م/ث)، $T_s = 160°$ م، $T_a = 20°$ م، P = 100 كيلو باسكال.

2- جد درجات الحرارة بتقدير كلفن من المعادلة: $T_k = T + 273.16$

$T_s = 160 + 273.16 = 433.16$ كلفن

$T_a = 20 + 273.16 = 293.16$ كلفن

3- جد ارتفاع الريشة من المعادلة:

$\Delta h = (v_s d/u)\ [\ 1.5 + (\ 2.68\times10^{-2}\ P\ (\ T_s - T_a) / T_s\ )d\ )\ ]$

$\Delta h = (6\times0.7\div2.8)[1.5 + (2.68\times10^{-2}\times100\times(433.16 - 293.16)\div433.16)\times0.7] = 3.16$ متراً

4- جد الارتفاع الفعال للمدخنة من المعادلة $H = h + \Delta h$:

$H = 120 + 3.16 = 123.16$ متراً

برنامج 5-1:

```
Public Class Form1

    Private Sub Form1_Load(ByVal sender As System.Object,
      ByVal e As System.EventArgs) Handles MyBase.Load
        Label1.Text = "ارتفاع المدخنة الطبيعي-م"
        Label2.Text = "قطر المدخنة الداخلي-م"
        Label3.Text = "سرعة غاز المدخنة-م/د"
        Label4.Text = "درجة حرارة الغاز-مئوية"
```

```
        Label5.Text = "سرعة الرياح-م/د"
        Label6.Text = "درجة حرارة الهواء-مئوية"
        Label7.Text = "الضغط البارومتري-ك.باسكال"
        Label8.Text = "الارتفاع الفعال-م"
        Button1.Text = "احسب الارتفاع"
        Me.Text = "مثال 1-5"
        Me.FormBorderStyle =
      Windows.Forms.FormBorderStyle.FixedSingle
    End Sub

    Private Sub Button1_Click(ByVal sender As
      System.Object, ByVal e As System.EventArgs)
      Handles Button1.Click
        Dim h1, d, vs, Ta, Ts, u, P As Double
        Dim dh, H As Double
        h1 = Val(TextBox1.Text)
        d = Val(TextBox2.Text)
        vs = Val(TextBox3.Text) / 60
        Ts = Val(TextBox4.Text)
        u = Val(TextBox5.Text) / 60
        Ta = Val(TextBox6.Text)
        P = Val(TextBox7.Text)
        'convert to Kelvin
        Ts += 273.16
        Ta += 273.16
        'calculate delta h
        'dh = (vs*d/u) * [1.5+(2.68*(10^-2)*P*(Ts-
Ta)/Ts)*d)]
        Dim dh1, dh2 As Double
        dh1 = (vs * d / u)
        dh2 = 1.5 + ((2.68 * (Math.Pow(10, -2)) *
                   P * (Ts - Ta) / Ts) * d)
        dh = dh1 * dh2
        H = h1 + dh
        TextBox8.Text = FormatNumber(H, 2)
    End Sub
End Class
```

مثال 5-2

كم تبلغ درجة تركيز الغاز على الخط المركزي لمسافة 7 كيلومترات أدنى اتجاه الرياح بافتراض وجود حالة غلاف جوى معتمة، لمدخنة مصنع ذات المواصفات الآتية:

المنشط	القيمة
ارتفاع المدخنة الفعال	122.26 متراً
قطر المدخنة الداخلي	0.7 متراً
سرعة غاز المدخنة	360 م/دقيقة
درجة حرارة غاز المدخنة	160°م
سرعة الرياح	192 م/دقيقة
درجة حرارة الهواء	20°م
الضغط البارومتري	100 كيلوباسكال
معدل نفث الغاز	1400 جرام/ث

الحل

1- المعطيات: $Q = 1400$ جم/ث، $v_s = 360$ م/دقيقة، $d = 0.7$ م، $u =$ 192 م/دقيقة، $T_s = 160^\circ$م، $T_a = 20^\circ$م، $P = 100$ كيلو باسكال

2- افتراض أن حالة الغلاف الجوى معتمة ومن جدول 5-1 يمكن تحديد حالة الاستقرار على أنها (D). أما تعبير الخط المركزي فيدل على أن: $y =$ صفر.

3- جد قيم الانحراف المعياري من شكل 5-5 للمسافة 7 كيلومتر أدنى اتجاه الرياح ولحالة استقرار D.

الانحراف المعياري الأفقي للريشة $\sigma_y = 400$ متراً

الانحراف المعياري الرأسي للريشة $\sigma_z = 115$ متراً

4- جد درجة التركيز باستخدام المعادلة:

$$C(x,y)=\frac{Q}{\pi u\sigma_y\sigma_z}\left[\exp\left[\frac{-1}{2}\left[\frac{H}{\sigma_z}\right]^2\right]\exp\left[\frac{-1}{2}\left[\frac{y}{\sigma_y}\right]^2\right]\right]$$

$$C(x,y)=\frac{1400}{\pi\times3.2\times400\times115}\left[\exp\left[\frac{-1}{2}\left[\frac{122.26}{115}\right]^2\right]\exp\left[\frac{-1}{2}\left[\frac{0}{400}\right]^2\right]\right]$$

$$=1.71\,mg/m^3$$

برنامج 5-2:

```
Public Class Form1
    '*************************************
    'Values from Holland Dispersion Graphs
    '*************************************
    Dim dy_table(,) As Integer =
    {
        {4, 6, 8, 15, 18, 25},
        {9, 14, 18, 25, 35, 47},
        {15, 19, 25, 38, 50, 70},
        {19, 25, 32, 48, 70, 90},
        {20, 30, 40, 58, 85, 110},
        {25, 35, 45, 70, 100, 140},
        {26, 38, 49, 76, 110, 150},
        {30, 45, 60, 90, 150, 180},
        {35, 49, 65, 100, 170, 190},
        {39, 54, 75, 110, 180, 220},
        {70, 100, 150, 210, 300, 400},
        {95, 150, 190, 290, 420, 550},
        {130, 190, 250, 360, 540, 740},
        {180, 230, 320, 450, 700, 850},
        {190, 260, 350, 500, 800, 960},
        {200, 290, 400, 600, 900, 1200},
        {230, 340, 450, 630, 950, 1400},
        {250, 360, 500, 700, 1200, 1600},
        {280, 400, 520, 800, 1350, 1800},
        {450, 700, 1000, 1500, 2200, 2800},
        {700, 1000, 1500, 2200, 3200, 4000},
        {900, 1500, 1900, 2900, 4000, 5000},
        {1100, 1700, 2200, 3100, 4800, 6000},
        {1300, 1850, 2600, 3800, 5500, 7000},
        {1500, 2000, 2900, 4000, 6000, 7500},
        {1700, 2300, 3200, 5000, 7000, 8500},
```

```
        {1850, 2600, 3500, 5300, 7000, 9000},
        {2000, 2800, 4000, 6000, 8000, 9500}
}
Dim dz_table(,) As Integer =
{
        {1, 2, 4, 7, 12, 16},
        {3, 5, 9, 16, 23, 32},
        {5, 9, 13, 22, 31, 50},
        {6, 12, 16, 30, 40, 80},
        {8, 15, 19, 35, 55, 110},
        {10, 16, 22, 45, 65, 180},
        {12, 18, 26, 50, 80, 240},
        {13, 20, 30, 56, 90, 300},
        {14, 23, 32, 65, 120, 450},
        {15, 25, 34, 70, 140, 600},
        {20, 38, 50, 140, 350, 1150},
        {28, 48, 65, 160, 700, 0},
        {32, 55, 80, 220, 1200, 0},
        {35, 60, 90, 250, 2000, 0},
        {38, 70, 100, 300, 1200, 0},
        {40, 75, 110, 320, 0, 0},
        {44, 80, 130, 350, 0, 0},
        {46, 85, 140, 400, 0, 0},
        {48, 90, 150, 430, 0, 0},
        {58, 120, 200, 700, 0, 0},
        {65, 140, 250, 900, 0, 0},
        {70, 150, 290, 1100, 0, 0},
        {78, 160, 320, 1300, 0, 0},
        {80, 170, 390, 1500, 0, 0},
        {85, 180, 410, 1600, 0, 0},
        {90, 185, 450, 1800, 0, 0},
        {95, 190, 500, 2000, 0, 0}
}
'The following table is the X axis
'of the Holland dispersion graphss,
'we use it as index to above 2 tables.
Dim Hindex() As Double =
{
        0.1, 0.2, 0.3, 0.4, 0.5, 0.6, 0.7,
        0.8, 0.9, 1, 2, 3, 4, 5, 6, 7, 8,
        9, 10, 20, 30, 40, 50, 60, 70, 80,
        90, 100
}

Private Enum EStability
        A
        B
```

```
        C
        D
        E
        F
        Invalid
End Enum

'*****************************************
'This function finds the index from the
'index table.
'*****************************************
Private Function find_index(ByVal distance As Double)
    As Integer
    Dim count As Integer = Hindex.Length
    Dim i As Integer
    If distance <= Hindex(0) Then Return 0
    For i = 0 To count - 1
        If distance = Hindex(i) Then Return i
        If distance > Hindex(i) Then
            If i = count - 1 Then Return i
            If distance > Hindex(i + 1) Then
              Continue For
            Dim a, b As Double
            a = Math.Abs(distance - (Hindex(i)))
            b = Math.Abs(distance - (Hindex(i + 1)))
            If a <= b Then Return i
            Return i + 1
        End If
    Next
    Return count - 1
End Function

'*****************************************
'This function returns stability grade
'According to Table 5-1.
'*****************************************
Private Function find_stability(ByVal wind As Double,
    ByVal weather As Integer) As EStability
    'Convert wind from m/min to m/s
    wind /= 60
    If weather < 1 Or weather > 5 Then
        Return EStability.Invalid
    If wind < 2 Then
        If weather = 1 Then Return EStability.A
        If weather = 2 Then Return EStability.A
        If weather = 3 Then Return EStability.B
        If weather = 4 Then Return EStability.E
```

```vb
                If weather = 5 Then Return EStability.F
        ElseIf wind < 3 Then
                If weather = 1 Then Return EStability.A
                If weather = 2 Then Return EStability.B
                If weather = 3 Then Return EStability.C
                If weather = 4 Then Return EStability.E
                If weather = 5 Then Return EStability.F
        ElseIf wind < 5 Then
                If weather = 1 Then Return EStability.B
                If weather = 2 Then Return EStability.B
                If weather = 3 Then Return EStability.C
                If weather = 4 Then Return EStability.D
                If weather = 5 Then Return EStability.E
        ElseIf wind < 6 Then
                If weather = 1 Then Return EStability.C
                If weather = 2 Then Return EStability.C
                If weather = 3 Then Return EStability.D
                If weather = 4 Then Return EStability.D
                If weather = 5 Then Return EStability.D
        Else
                If weather = 1 Then Return EStability.C
                If weather = 2 Then Return EStability.D
                If weather = 3 Then Return EStability.D
                If weather = 4 Then Return EStability.D
                If weather = 5 Then Return EStability.D
        End If
        Return EStability.Invalid
End Function

Private Sub Form1_Load(ByVal sender As System.Object,
    ByVal e As System.EventArgs) Handles MyBase.Load
        Label1.Text = "ارتفاع المدخنة الطبيعي-م"
        Label2.Text = "قطر المدخنة الداخلي-م"
        Label3.Text = "سرعة غاز المدخنة-م/د"
        Label4.Text = "حرارة غاز المدخنة-مئوية"
        Label5.Text = "سرعة الرياح-م/د"
        Label6.Text = "حرارة الهواء-مئوية"
        Label7.Text = "الضغط البارومتري-ك.باسكال"
        Label8.Text = "معدل نفث الغاز-ج/ث"
        Label9.Text = "حالة الغلاف الجوي"
        Label10.Text = "المسافة أدنى اتجاه الرياح-كم"
        Label11.Text = "y"
        Label12.Text = "درجة التركيز-مج/م3"
        Button1.Text = "احسب"
        Me.Text = "مثال 5-2"
        Me.MaximizeBox = False
        Me.FormBorderStyle =
```

```
        Windows.Forms.FormBorderStyle.FixedSingle
    ComboBox1.Items.Clear()
    ComboBox1.Items.Add("نهار-إشعاع شمسي قوي")
    ComboBox1.Items.Add("نهار-إشعاع شمسي متوسط")
    ComboBox1.Items.Add("نهار-إشعاع شمسي قليل")
    ComboBox1.Items.Add("ليل معظمه عتمة")
    ComboBox1.Items.Add("ليل معظمه صافي")
End Sub

Private Sub Button1_Click(ByVal sender As
  System.Object, ByVal e As System.EventArgs)
  Handles Button1.Click
    Dim Q, vs, d, u As Double
    Dim h, Ts, Ta, P As Double
    Dim stability As EStability
    Dim distance, C As Double
    Dim index, dy, dz, y As Integer
    h = Val(TextBox1.Text)
    d = Val(TextBox2.Text)
    vs = Val(TextBox3.Text)
    Ts = Val(TextBox4.Text)
    u = Val(TextBox5.Text)
    Ta = Val(TextBox6.Text)
    P = Val(TextBox7.Text)
    Q = Val(TextBox8.Text)
    distance = Val(TextBox9.Text)
    y = Val(TextBox10.Text)
    stability = find_stability(u,
              ComboBox1.SelectedIndex)
    If stability = EStability.Invalid Then
        MsgBox("الرجاء اختيار حالة جو ودرجة حرارة.",
              vbOKOnly Or vbInformation)
        Exit Sub
    End If
    index = find_index(distance)
    Select Case stability
        Case EStability.A
            dy = dy_table(index, 0)
            dz = dz_table(index, 0)
        Case EStability.B
            dy = dy_table(index, 1)
            dz = dz_table(index, 1)
        Case EStability.C
            dy = dy_table(index, 2)
            dz = dz_table(index, 2)
        Case EStability.D
            dy = dy_table(index, 3)
```

```
                dz = dz_table(index, 3)
            Case EStability.E
                dy = dy_table(index, 4)
                dz = dz_table(index, 4)
            Case EStability.F
                dy = dy_table(index, 5)
                dz = dz_table(index, 5)
        End Select
        Dim C1, C2, C3 As Double
        u /= 60
        C1 = Q / (Math.PI * u * dy * dz)
        C2 = Math.Pow(Math.E, (-0.5 * ((h / dz) ^ 2)))
        C3 = Math.Pow(Math.E, (-0.5 * ((y / dy) ^ 2)))
        C = C1 * C2 * C3
        C *= 1000
        TextBox11.Text = FormatNumber(C, 2)
    End Sub
End Class
```

5 - 5 أعلى تركيز لمستوى الأرض

أثر انعكاس الأرض يزيد من تراكيز الغازات الملوثة على مستوى الأرض كلما زادت المسافة x لنقطة معينة متوقعة دون انعكاس. غير أن هذه الزيادة في مقدار C في اتجاه المحور السيني لا تستمر إلى ما لا نهاية إذ لا يلبث الانتشار للأعلى (تقاطع الرياح) في الاتجاه z أن يقلل التركيز على مستوى سطح الأرض (z=0) وعلى طول الخط المركزي (حيث y=0)؛ وعليه تكون هناك قيمة قصوى إلى C بالنسبة للمسافة x قبل سقوطها إلى الصفر للقيم العليا للمسافة x. وتحت الظروف متوسطة الاستقرار إلى المعتدلة (المستقرة) فإن نسبة $\frac{\sigma y}{\sigma x}$ لا تعتمد تقريباً على المسافة x. وإذا أخذت هذه النسبة ثابتة ووضعت قيمة y مساوية الصفر في معادلة جوسيان تصبح C معتمدة فقط على σz والتي تعتمد فقط على المسافة x لمرتبة استقرار معينة. ومن ثم يمكن تقدير σz على النحو المبين في المعادلة 5-12.

$$\sigma z = 0.707\,H \qquad 5\text{-}12$$

ومن معادلة جوسيان وبوضع y = صفر يمكن إيجاد أقصى تركيز للملوثات أدنى اتجاه الرياح على الخط المركزي للريشة على مستوى الأرض حسب المعادلة 5-13.

$$C_{max,reflec} = \frac{0.1171 Q}{u \sigma y \sigma z} \qquad 5\text{-}13$$

معظم العلاقات لبيانات σ لتقدير انتشار الغلاف الجوي تقود إلى تراكيز متوسطة للملوثات عبر فترة زمنية 10 دقائق. وإذا كانت طريقة العينة المستخدمة لفترة زمنية مغايرة ينبغي تصليح النتائج المتوقعة بأنموذج الانتشار. وإذا وجب تقدير التراكيز من مصدر تلوث وحيد لفترات زمنية أكبر من بضع دقائق يمكن استخدام المعادلة 5-14 لفترات زمنية أقل من ساعتين.

$$C_2 = C_1 \left[\frac{t_1}{t_2}\right]^q \qquad 5\text{-}14$$

حيث:

C_2 = التركيز المطلوب

C_1 = التركيز المحسوب بمعادلة الانتشار

t_2 = فترة زمن العينة (دقيقة)

t_1 = 10 دقائق

q = ثابت له قيم بين 0.17 و 0.2

5 – 6 المصادر الخطية للملوثات

إذا كانت هناك صناعات متوالية على شاطئ نهر أو ميناء مثلاً، أو وجود حركة مرورية على قطاع في طريق مستقيم، يمكن أنمذجة مشكلة التلوث على أنها نفث من مصدر خطي لا نهائي ومستمر وإذا كانت الرياح في اتجاه عمودي على خط النفث فإن تركيز الملوثات أدنى اتجاه الرياح يمكن إيجاده من المعادلة 5-15 {1}.

$$C_{[x,y,0]} = 2\frac{q}{2\pi^{\frac{1}{2}} \sigma_z u} \exp\left[-\frac{1}{2}\left[\frac{H}{\sigma_z}\right]^2\right] \qquad 5\text{-}15$$

حيث:

q = قوة المصدر عبر وحدة المسافة (جرام/ث.م)

الباب السادس
التحكم في الملوثات الهوائية ومكافحتها

6 – 1 مقدمة

عادة تقوم عدة عوامل طبيعية متواجدة في الغلاف الجوى بعمليات النظافة الذاتية لما يدخل إلى الطبقة من ملوثات. وبدون هذه النظافة الذاتية لا تصلح الطبقة الجوية السفلى (التروبوسفير) لعيش الإنسان؛ ومن هذه العوامل: التشتت والترسيب تحت الجاذبية والتلبد والامتصاص والتساقط والامتزاز. بفضل تيار الرياح يقوم التشتت بتقليل درجة تركيز الملوثات في منطقة معينة. أما الترسيب تحت قوى الجاذبية فيقوم بإزالة الجسيمات ذات القطر الأكبر من 20 ميكرومتر في الغلاف الجوى. ويقوم التلبد بالمساعدةفي إزالة الجسيمات ذات القطر الأقل من 0.1 ميكرومتر. أما الامتصاص فيحدث أدنى مستوى السحب، ويساعد في تجميع الغازات والجسيمات لتسهل نظافتها أو كنسها مع الأمطار أو الضباب. أما الإمتزاز فيحدث أساسا في طبقة الاحتكاك في الغلاف الجوى، وهى الطبقة

الأقرب إلى سطح الأرض. ويقوم الإمتزاز بالاستقطاب الإلكتروستاتي للغازات والسوائل أو الملوثات الصلبة لسطح ما حيث تتركز وتحجز فيه {6، 14}.

ومن أهم أهداف مكافحة تلوث الهواء منع تلوث الغلاف الجوى بأي ملوثات تحدث آثار أو مخاطر سلبية ضارة بالإنسان أو نشاطاته. وعليه يمثل منع إنتاج الملوثات أحسن الســبل لمكافحة تلوث الهواء، فمثلا يمكن منع نفث الملوثات الرصاصية من السيارات بحرق وقود خالي من الرصاص، كما ويمكن تقليل نفث أكاسيد النتروجين لدرجة كبيرة بإعادة تصميم المحركات {2، 6، 10}.

يمكن منع التلوث الهوائي وتقليل مخاطره على جسم الإنسان بعدة طرق تجمل في الأطــر التالية:

(1) التخطيط والتصميم الجيد للنظم: والتي تساعد في تقليل تلوث الهواء.

(2) الفرز المحلي: وذلك بفرز الملوثات والمنفوثات مـــن أجهــزة للبــث والإنتــاج والنشاط الصناعي وحجزها من ذات المصدر والسماح للهواء النقي للانتشــار في الغلاف الجوي. وتضم طرق الحجز غرف الترسيب، والغسل، والترشيح، والفرز ... الخ.

(3) طريقة التخفيف: يضم المبدأ المستخدم في هذه الطريقة انتشار الهــواء المحمـل بالملوثات في حجم كبير من الغلاف الجوي بغرض تخفيفه لدرجات تركيـز قصوى مسموح بها.

(4) الحماية الشخصية: باستخدام الكمامة والقناع المرشح للأنف عند العمل بــالقرب من الموقع للحماية الشخصية. واستخدام معالجات الألمونيوم في موقع العمل عند التعامل مع الصخور والجلود وحلج القطن ومناجم الفحم.

ينبغي قبل الشروع في وضع المنشأة الصناعية موضع التنفيذ التفكر في النفــث الهـوائي للملوثات المتوقعة من الصناعة وخواصها وكمياتها بغية إيجاد حلول لمنعها أو الحد منهــا قبل بداية التصنيع، إذ بمجرد الإنتاج التجاري للصناعة يصعب إيجاد حلول عمليــة لمنع الملوثات دون إعاقة الصناعة أو تغيير تكلفتها. ومن التغيرات التي يمكن التفكر فيها تلــك المتعلقة بإحلال مواد خام بديلة، أو تطوير عملية التصنيع، أو تعديل لأجـزاء معينة مـن

الأجهزة، أو نظافة الغازات قبل نفثها في الغلاف الجوي؛ وإذا كان البديل للمادة الخـــام لا ينتج عنه ملوث ينبغي استخدامه. وفي بعض الحالات قد تحتوي المادة الخام على عنصـــر غير مهم غير أنه يمثل الملوث الهوائي؛ فإذا أمكن استخلاصه من المادة الخام قبل التصنيع فإن هذا الإجراء يقلل من مشاكل التلوث الهوائي. ومن الأمثلة في هذا الشأن لإحلال المادة الخام استخدام الوقود الخالي من الرصاص (في حالة وجوده ووجود الأجهزة المناسبة التي يعمل بها). ومن أمثلة تطوير العملية التصنيعية التعديل في صناعة تكرير النفـــط لإنتـــاج عنصر الكبريت كناتج ثانوي بدلاً عن حرق غاز كبريتيد الهيدروجين بالشـــعلة. ومثـــال لتعديل الأجهزة تلك المستخدمة في صناعة الحديد بإحلال فرن الصهر المفتوح إلى فـــرن الأكسجين.

6 – 2 طرق مكافحة تلوث الهواء

تضم طرق مكافحة تلوث الهواء تغيير وحدات عمل المنشأة الملوثـــة، وتغييـــر الوقـــود المستخدم، والتشغيل الجيد، وفي حالة استعصاء تطبيق أي من هذه الطرق ينبغي التفكيـــر في وقف الإنتاج وإغلاق المنشأة. أما سبل التحكم في التلوث الهـــوائي فتضـــم الاحـــتراق والإدمصاص والتكثيف. ويوجد عدد من الأجهزة التي تعمل في هذا الإطار العام لتحقيـــق التحكم والمكافحة المنشودة لما فيه المصلحة العامة. يبين شكل 6–1 صورة عامة لطـــرق مكافحة تلوث الهواء. ويمكن تقسيم الطرق التقليدية المتبعة لمكافحة تلوث الهـــواء إلـــى: طرق ضبط للملوثات الهوائية النابعة من المصادر الثابتة، وطرق ضبط لتلـــك الملوثـــات الناتجة من مصادر متحركة. كما ويمكن تقسيم طرق ضبط الملوثات الهوائية النابعة مـــن المصادر الثابتة إلى قسمين آخرين يضمان: الطرق المتعلقة بمكافحة الملوثـــات الغازيـــة، والطرق المتعلقة بمكافحة تلوث الجسيمات. ويعتمد هذا التقسيم على الفرق فـــي مقاســـات الملوثات، إذ أن جزيئات الغازات لها قطر يبلغ 0.1 نانومتر تقريبا، أما أقطار الجســـيمات فتبلغ 0.1 ميكرومتر أو أكثر. ويبين شكل 6–2 رسم تخطيطي لإحدى سبل التحكم فـــي الملوثات المبتعثة..

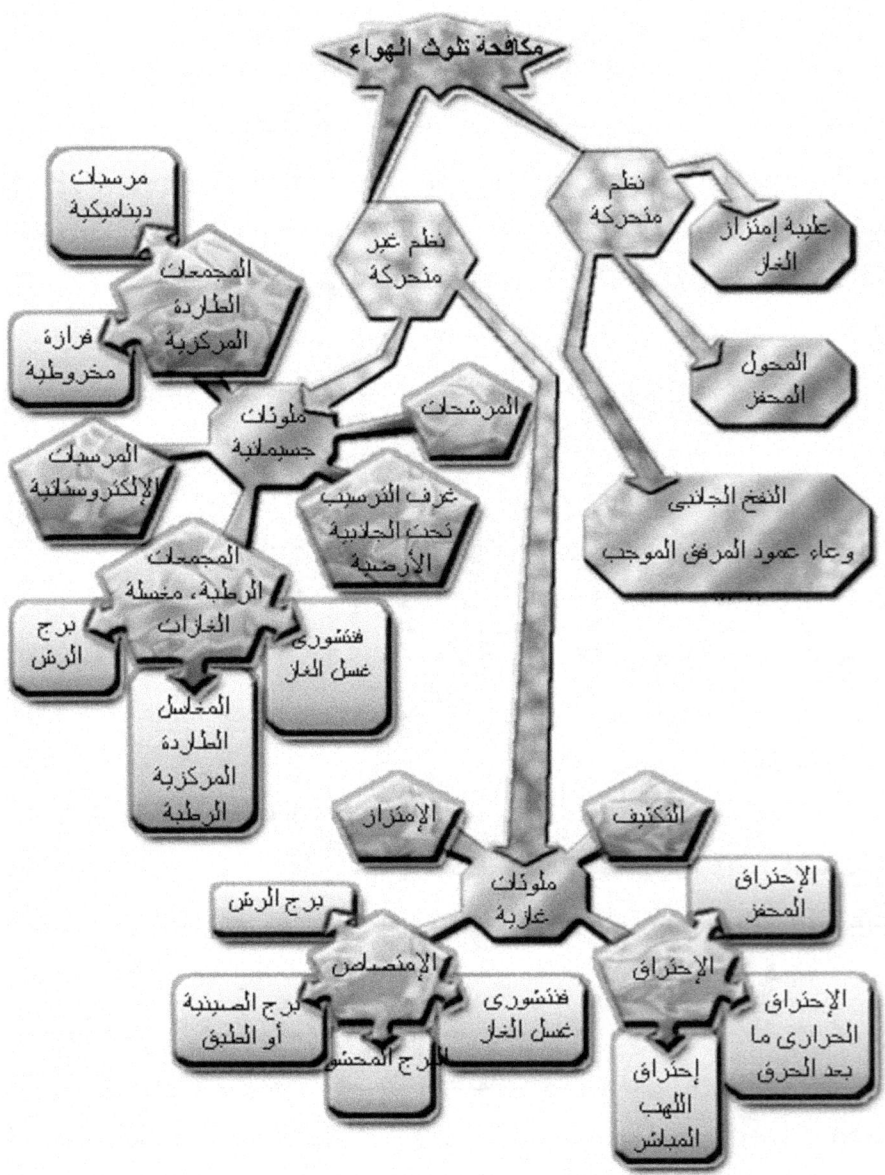

شكل 6 – 1 صورة عامة لطرق مكافحة تلوث الهواء

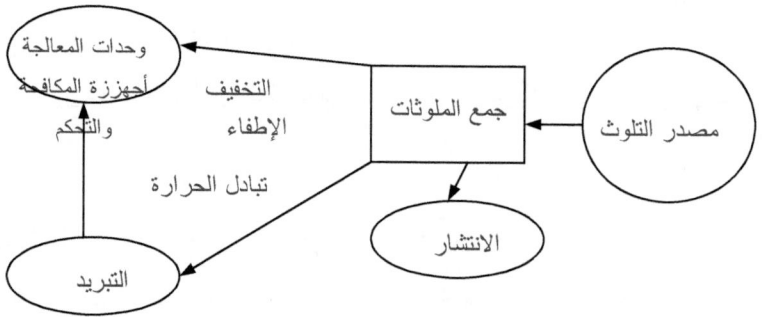

شكل6-2 رسم تخطيطي لإحدى سبل التحكم في الملوثات المبتعثة {10}

6 – 3 طرق ضبط التلوث الهوائي للمصادر الثابتة

يمكن أن تقسم طرق ضبط التلوث الهوائي للمصادر الثابتة إلى قسمين رئيسين يضـــمان: الملوثات الغازية وملوثات الجسيمات. أما طرق التحكم في التلوث الهوائي من الملوثــات الغازية فتحوى: عمليات الإمتزاز وعمليات الامتصاص أو غسل الغاز. وأما طرق التحكم في التلوث الهوائي من ملوثات الجسيمات فتضـــم: غــرف الترســيب تحــت الجاذبيــة، والمجمعات الطاردة المركزية (مثل الفرازات المخروطيـــة والمرســبات الديناميكيـــة)، والمرشحات النسيجية، والمجمعات الرطبة، والمرسبات الإلكتروستاتية.

6 – 3 – 1 الملوثات الغازية Gaseous pollutants

من أهم الملوثات الهوائية الغازية: أكاسيد الكبريت SO_x، وأكاسيد الكربون (خاصة أول أكسيد الكربون)، وأكاسيد النتروجين NO_x، والغازات الحمضـــية العضـــوية وغيـــر العضوية، والهيدروكربونات{6،   10}. ويمكن تخفيض درجات تركيز الغـــازات غيـــر المطلوبة بإحدى أو كل من الطرق الآتية {2، 6}:

- تقليل أو منع إنتاج الغاز الملوث.
- استخدام مواد تتفاعل مع الغازات الملوثة لإنتاج مواد أخرى غير ضارة ولا تشكل خطورة.

- الإزالة المنتقاة للملوثات من نظام الغاز بوساطة الامتصاص (أي نقل جزيئات الغاز إلى السائل).
- الإزالة المنتقاة للغاز الملوث بالإمتزاز (أي ترسيب جزيئات الغاز في سطح صلب).

عمليات الإمتزاز Adsorption processes

تمتز هذه الأجهزة الغاز الملوث في مفارش أو مواد مازة صلبة، وذلك بتمرير الغاز عليها. وتختار المادة المازة اعتمادا على قابليتها لتجميع الغاز المطلوب {10، 14}. إن عملية الإمتزاز من العمليات الكيميائية الحرارية المعقدة. وعندما يترسب الغاز على سطح المادة المازة تنطلق حرارة تقود إلى تسخين المادة الصلبة. وفي بعض الحالات فإن تؤدي هذه الحرارة لاشتعال مفرش الكربون. ولهذا السبب فإن تصميم المفارش المازة ما زال عملية افتراضية حيث تقوم كل شركة مصنعة بتطوير صناعتها لظروف محددة، وخليط من الغازات، ونوعية غاز معين؛ بالإضافة إلى عوامل التصميم الأخرى المتعلقة بالمادة المازة وخصائصها، وظروف التشغيل، ومعدل الدفق. أما الكمية التي يمكن امتزازها بالمادة المازة فتعتمد على الخواص الطبيعية والكيميائية للمادة الصلبة، ومساحة سطح المادة المازة ومساميتها، والضغط المؤثر. ويستخدم الكربون النشط والألمونيا النشطة كمواد عازلة لكثير من الغازات؛ ويستخدم جلي السيليكا لامتزاز بخار الماء وبعض الغازات المنتقاة. ويبين جدول 6-1 بعض الأمثلة للمواد المازة المستخدمة.

جدول 6-1 أمثلة لمواد مازة مختارة {2، 6، 10، 14، 44}

نوع المادة المازة	أهم الاستخدامات
الكربون النشط	إزالة جزيئات الهيدروكربونات الخفيفة (الرائحة)، تنقية الغازات، استرجاع المذيبات.
الألمونيا النشطة	تجفيف الغازات والهواء والسوائل.
بوكسيت (Bauxite صخر يستخرج منه الألمونيوم)	معالجة أجزاء النفط، تجفيف الغازات والسوائل.

نوع المادة المازة	أهم الاستخدامات
عظم الفحم Bone char	إزالة لون محلول السكر.
تراب قصار Fuller's earth	تصفية الزيوت الحيوانية، وزيوت التزليق، والزيوت النباتية، والدهون والشمع.
الماغنيسيا	معالجة الغازولين والمذيبات، وإزالة الشوائب المعدنية من المذيبات الكاوية.
جل (هلام) السليكا	تجفيف وتنقية الغازات، وإزالة بخار الماء، وإزالة بعض الغازات القطبية.
سلفات الاسترونيوم	إزالة الحديد من المحاليل الحارقة

أما المواد الصلبة التي يفضل استخدامها كمواد مازة فيجب أن تكون لها الخواص التالية {6، 44}:

- عالية المسامية.
- لها نسبة مساحة إلى حجم عالية.
- ذات بنية تسمح بحشوها في الأبراج.
- تقاوم الكسر.
- ويمكن تجديدها وإعادة استخدامها بعد تشبعها بجزيئات الغاز.

عمليات الامتصاص (غسل الغاز Absorption devices (Scrubbing))

تنتهج عملية الامتصاص نقل الكتلة المذاب فيها الغاز إلى المحلول. وربما تبعت عملية الإذابة تفاعلات مع بعض العناصر في المحلول. وما نقل الكتلة إلا عملية انتشار يتحرك فيها الغاز الملوث من نقاط ذات تركيز عالي إلى نقاط ذات تركيز أقل{20}. وتمتص الغازات الملوثة باستخدام محلول مختار في مغسلة رطبة، أوبرج محشو، أوبرج فقاعات. وعادة تضم الغازات، التي يتحكم فيها بعملية الامتصاص، ثاني أكسيد الكبريت،

وكبريتيد وكلوريد الهيدروجين، والكلور، والأمونيا، وأكاسيد النتروجين، والهيدروكربونات ذات درجة الغليان المنخفضة {44}.

ومن المواصفات المطلوبة للمواد الماصة أو المذيبة التالي {6، 14، 44}:

- لها ضغط بخار قليل (لتخفيض الفاقد).
- لها درجة تجمد منخفضة.
- غير طيارة نسبياً.
- متواجدة بسهولة.
- غير أكالة (لتقليل تصليح الجهاز وتقليل تكلفة الصيانة).
- غير باهظة الثمن.
- غير سامة.
- غير قابلة للاشتعال.
- مأمون كيميائياً.

ويبين جدول 6-2 بعض الأمثلة لمذيبات تستخدم في نظافة وغسيل الغازات.

جدول 6-2 أمثلة للمذيبات المنظفة للغازات {6، 10، 14، 15}

المذيب	الاستخدام
الماء	يزيل ثاني أكسيد الكربون، والكلور، وكلوريد الهيدروجين، وفلوريد الهيدروجين
أمونيا وأمينات (زيلين، وثاني ميثيل أنيلين)	إزالة ثاني أكسيد الكبريت SO_2
ثاني إيثانولمين	إزالة كبريتيد الهيدروجين
الغازولين السائل	إزالة بخار الهيدروكربونات الخفيفة

الاحتراق أو الترميد Combustion or Incineration

تهدف عملية الاحتراق إلى تحويل الملوثات الهوائية الصناعية (غالبا الهيدروكربونات أو أول أكسيد الكربون) إلى ثاني أكسيد الكربون غير الضار والماء. ولتحقيق أكبر كفاءة احتراق (إنتاج أقل مركبات غير محترقة) فمن الواجب الحصول على مجموعة العناصر الأساسية للاحتراق والتي تضم: الأكسجين، ودرجة الحرارة، والاضطراب، والزمن {6، 10}. ولتحقيق احتراق كامل للملوثات الغازية يجب وضع الغاز على درجات حرارة عالية (375 إلى 825°م) لفترة زمنية مناسبة (0.2 إلى 0.5 ثانية) وتحت ظروف اضطراب معقول (سرعة غاز تتراوح بين 4.5 إلى 7.5 متر على الثانية).

ويمكن تقسيم الاحتراق طبقا لنوع المواد الملوثة المطلوب أكسدتها إلى ما يلي {10}:

(1) احتراق اللهب المباشر Direct flame combustion : حيث تحترق فيه الغازات الملوثة مباشرة في جهاز احتراق بإضافة (أو بدون إضافة) وقود مساعد. وتستخدم هذه الطريقة في محطات إنتاج وتكرير النفط.

(2) الاحتراق الحراري (أو ما بعد الحرق (Thermal combustion (after burner)) ويسخن فيه الغاز الملوث مسبقا. وعادة تتم عملية الاحتراق باستخدام مبادل حراري. ومن ثم يدخل الغاز المسخن مسبقا إلى منطقة الاحتراق التي يوجد بها موقد مزود بالوقود الملحق.

(3) الاحتراق المحفز Catalytic combustion : ويستخدم فيه العامل المساعد ليزيد من معدل الأكسدة دون دخوله في التغير الكيميائى، مما يخفف من زمن المكث المطلوب للترميد.

التكثيف Condensation

يُكثف ملوث ما (على درجة حرارة معينة) عند زيادة ضغطه الجزئي إلى أن يساوي (أو يفوق) ضغط بخاره على درجة الحرارة المعنية. كما ويحدث التكثيف عند تخفيض درجة حرارة خليط من الغازات إلى درجة حرارة التشبع ليتساوى ضغط بخاره مع ضغطه الجزئي {14}.

ومن أسباب استخدام المكثفات في مكافحة الملوثات الغازية ما يلي:

- الاسترجاع الاقتصادي للنواتج المفيدة.
- إزالة الأجزاء التي يمكن أن تكون أكالة أو ضارة لأجزاء أخرى في النظام.
- تقليل حجم الغاز الخارج {44}.

6 – 3 – 2 ملوثات الجسيمات Particulate contaminants

وهذه الطرق المتبعة لضبط التلوث الهوائي النابع من المصادر الثابتة النافثة للجسيمات يمكن تقسيمها إلى: غرف ترسيب تحت الجاذبية، ومجمعات طاردة مركزية (مثل: الفرازات المخروطية والمرسبات الديناميكية)، ومرشحات النسيج، والمجمعات الرطبة، والمرسبات الإلكتروستاتية.

غرف الترسيب تحت الجاذبية Gravitational settling chambers

غرف الترسيب تحت الجاذبية الأرضية بسطية في تصميمها وإنشائها وأدائها، كما وأنها نظم تجميع رخيصة تستغل فيها قوى الجاذبية الأرضية لترسيب الحبيبات في حركتها الرأسية {2، 10}. عادة في هذه الغرف يعمل على تخفيض السرعة الأفقية للحبيبات لمنحها الزمن الكافي لتترسب تحت الجاذبية. وعادة تستخدم هذه الطرق كمرحلة تنظيف أولية لحماية الأجهزة الأخرى التي تأتى بعدها من المواد الحارة والخشنة والأكالة {10، 44}. غير أن كفاءة الغرف قليلة لإزالة الحبيبات الصغيرة {10، 14}.ويمكن بوساطة غرف الترسيب إزالة الحبيبات الكبيرة والتي يزيد قطرها عن 100 ميكرومتر {3، 10}. ويبين شكل 6-3 رسم تخطيطي لغرف الترسيب المبسطة تحت الجاذبية.

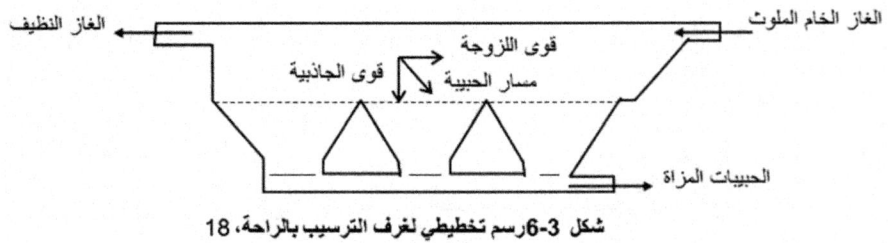

شكل 3-6رسم تخطيطي لغرف الترسيب بالراحة، 18

أما كفاءة غرف الترسيب تحت الجاذبية فيمكن إيجادها{2، 10} من معادلة الكفاءة النظرية 6-1.

$$E = 100\left[1 - \exp\left[-\frac{g d_p^2 \rho_p L}{18 \mu u h}\right]\right] \qquad 6\text{-}1$$

حيث:

E = كفاءة الإزالة (%)

g = عجلة الجاذبية الأرضية (م/ث ^{2})

d_p = قطر الحبيبة، (م)

ρ_p = كثافة الحبيبة (كجم/ م ^{3})

L = طول المجمع (م)

μ = درجة لزوجة الغاز الديناميكية (نيوتن×ث/م ^{2})

u = السرعة الأفقية للغاز والحبيبة عبر المجمع (م/ث)

h = ارتفاع المجمع (م)

عادة لا يعول على هذه الغرف لحل مشاكل الملوثات الهوائية نسبة لأن معظم الحبيبات الملوثة لها قطر أقل من 50 ميكرومتر. ومن ثم تستغل هذه الغرف كمنظفات أولية لإزالة الحبيبات الكبرى والمواد الأكالة قبل تمرير ماء الغاز لأجهزة تجميع أخرى {6، 10}.

مثال 6-1

جد قطر الجسيمات العالقة في المسار الهوائي لملوث تحت الضغط الجوى حسب البيلنات التالية:

المنشط	القيمة
درجة حرارة المسار الهوائي الملوث	140 ^{o}م
سرعة تحرك الهواء الملوث عبر غرفة ترسيب	30 م/دقيقة
كفاءة إزالة الحبيبات بواسطة غرفة الترسيب	60 بالمائة

كثافة الحبيبات	2000 كجم/ م 3
طول غرفة الترسيب	3 م
ارتفاع غرفة الترسيب	1.1 م

الحل

1- المعطيات: T = 140 هم، u = 30 م/دقيقة (= 30÷60 = 0.5 م/ث)، E = 60%، rp = 2000 كجم/ م 3، L = 3 م، h = 1.1 م.

2- جد درجة لزوجة الهواء طبقا لدرجة الحرارة 140 هم، من جدول م - 2 في المرفقات.

μ = 2.34× 10-5 نيوتن×ث/ م 2.

3- جد قطر الحبيبات من معادلة الكفاءة:

$$E = 100\left[1 - \exp\left[-\frac{g d_p^2 \rho_p L}{18 \mu u h}\right]\right]$$

$$60 = 100\left[1 - \exp\left[-\frac{9.81\, d_p^2\, 2000 \times 3}{18 \times 2.34 \times 10^{-5} \times \frac{30}{60} \times 1.1}\right]\right]$$

وعليه: dp = 60 ميكرومتر.

برنامج 6-1:

```
Public Class Form1
    '************************
    'See Appendix (2)
    '************************
    Dim visc_Table(,) As Double =
        {
            {-50, 1.57},
            {-40, 1.54},
```

```
            {-20, 1.61},
            {-10, 1.67},
            {0, 1.71},
            {5, 1.73},
            {10, 1.76},
            {15, 1.8},
            {20, 1.82},
            {25, 1.85},
            {30, 1.86},
            {35, 1.88},
            {40, 1.91},
            {50, 1.95},
            {60, 2},
            {70, 2.04},
            {80, 2.09},
            {90, 2.13},
            {100, 2.17},
            {120, 2.26},
            {140, 2.34},
            {160, 2.42},
            {180, 2.5},
            {200, 2.51},
            {220, 2.61},
            {240, 2.7},
            {260, 2.72},
            {280, 2.82},
            {300, 2.98},
            {400, 2.32},
            {500, 3.64},
            {600, 3.9},
            {700, 4.21}
        }

    Private Function find_viscosity(ByVal temp As Double)
        As Double
        Dim i As Integer
        For i = 0 To visc_Table.GetLength(0)
            If visc_Table(i, 0) = temp Then
                Return visc_Table(i, 1)
            End If
        Next
        'not found?
        Return -1
    End Function

    Private Sub Form1_Load(ByVal sender As System.Object,
        ByVal e As System.EventArgs) Handles MyBase.Load
```

```
        Label1.Text = "درجة الحرارة المسار-مئوية"
        Label2.Text = "سرعة تحرك الهواء-م/د"
        Label3.Text = "كفاءة إزالة الحبيبات-%"
        Label4.Text = "كثافة الحبيبات-كجم/م3"
        Label5.Text = "طول غرفة الترسيب-م"
        Label6.Text = "ارتفاع غرفة الترسيب-م"
        Label7.Text = "قطر الجسيمات العالقة-ميكرومتر"
        Button1.Text = "احسب القطر"
        Me.Text = "مثال 1-6"
        Me.FormBorderStyle =
            Windows.Forms.FormBorderStyle.FixedSingle
    End Sub

    Private Sub Button1_Click(ByVal sender As
      System.Object, ByVal e As System.EventArgs)
      Handles Button1.Click
        Const g = 9.81
        Dim T, u, rhop, L, h, Ep As Double
        Dim mu, dp As Double
        T = Val(TextBox1.Text)
        u = Val(TextBox2.Text) / 60
        Ep = Val(TextBox3.Text)
        rhop = Val(TextBox4.Text)
        L = Val(TextBox5.Text)
        h = Val(TextBox6.Text)
        mu = find_viscosity(T)
        If mu = -1 Then
            MsgBox("الرجاء إدخال حرارة مغايرة.",
                   vbOKOnly Or vbInformation)
            Exit Sub
        End If
        mu /= 100000
        Dim d1, d2 As Double
        d1 = 1 - (Ep / 100)
        d2 = (-g * rhop * L) / (18 * mu * u * h)
        dp = Math.Log(d1) / d2
        dp = Math.Sqrt(dp)
        dp *= 1000000
        TextBox7.Text = FormatNumber(dp, 0)
    End Sub
End Class
```

المجمعات الطاردة المركزية Centrifugal collectors

تستخدم مجمعات القوى الطاردة المركزية لفصل الحبيبات من نظام الغاز. وعادة تضم المجمعات الطاردة المركزية المستخدمة: الفرازة المخروطية والمرسبات الديناميكية{6، 14}.

الفرازات المخروطية cyclone

إن الفرازات المخروطية من أكثر الأنظمة استخداما لإزالة المواد الصغيرة من مسار الغاز لعدم احتوائها على أجزاء متحركة ولرخص تكلفة تشغيلها {18}. تعمل الفرازات المخروطية على تجميع الحبيبات ذات القطر الأكبر من 10 ميكرومتر. والفرازة المخروطية هي مجمع ذو قصور ذاتي خالي من الأجزاء المتحركة. ويتسارع الغاز الحامل للجسيمات الملوثة عبر حركة حلزونية تولد قوى طرد مركزية على الحبيبة. ومن ثم تندفع الحبيبات خارج الغاز الدائر وترتطم بجدار أسطوانة الفرازة، إلى أن تنزلق الحبيبة إلى قعر المخروط ليتم إزالتها عبر نظام صمام محكم. ويبين شكل 6-4 أبعاد الفرازة المخروطية القياسية وحيدة الأسطوانة Standard single barrel cyclone.

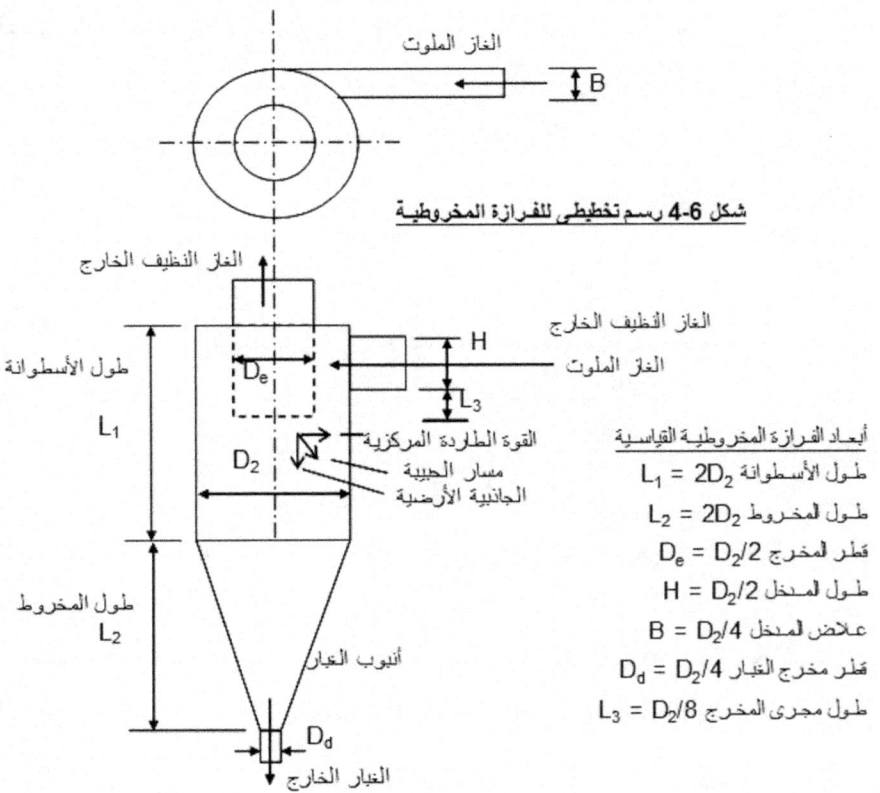

شكل 6-4 رسم تخطيطي للفرازة المخروطية

الغاز الملوث

B

الغاز النظيف الخارج

D_e

الغاز النظيف الخارج
الغاز الملوث

H

L_3

طول الأسطوانة

L_1

القوة الطاردة المركزية
مسار الحبيبة
الجانبية الأرضية

D_2

أبعاد الفرازة المخروطية القياسية

طول الأسطوانة $L_1 = 2D_2$

طول المخروط $L_2 = 2D_2$

قطر المخرج $D_e = D_2/2$

طول المدخل $H = D_2/2$

عارض المدخل $B = D_2/4$

قطر مخرج الغبار $D_d = D_2/4$

طول مجرى المخرج $L_3 = D_2/8$

طول المخروط
L_2

أنبوب الغبار

D_d

الغبار الخارج

شكل 6-4 رسم تخطيطي للفرازة المخروطية

أما كفاءة الفرازة المخروطية فيمكن تقديرها باستخدام{2، 3، 6، 10، 14، 20} معادلة 6-2.

$$d_{50} = \left[\frac{9\mu B}{2\pi N u_i [\rho_P - \rho_g]} \right]^{\frac{1}{2}} \qquad\qquad 6-2$$

حيث:

d_{50} = قطر القطع 50 بالمائة (قطر الحبيبة الذي تعادل كفاءة التجميع عنده 50 بالمائة) (م)

μ = اللزوجة الديناميكية للغاز (باسكال×ث)

B = عرض مدخل الفرازة المخروطية (م)

N = عدد اللفات الخارجية الفعالة في الفرازة المخروطية (لفة)

u_i = سرعة الغاز الداخل (م/ث)

ρ_p = كثافة الجسيمات الملوثة (كجم/م^3)

ρ_g = كثافة الغاز (كجم/م^3) (عادة تفترض مساوية صفر لصغرها مقارنة بكثافة الجسيمات الملوثة {3}

عادة تؤخذ عدد اللفات الفعالة {20} لتساوى 4 أو يمكن إيجادها من المعادلة 6-3.

$$N = (\pi/H)* (2L_1 + L_2)$$ 6-3

حيث:

N = العدد الفعال للفات الموجودة مستعرضا في الفرازة المخروطية (لفة)

H = طول المدخل (م)

L_1 = طول الأسطوانة (م)

L_2 = طول المخروط (م)

أما كفاءة الفرازة المخروطية لإزالة الجسيمات التي تكون أكبر من أو أصغر مــــن قطــــر القطع 50 بالمائة (d_{50}) فيمكن إيجادها من شكل 6-5، أو يمكن تقديرها من المعادلة 6-4.

$$E = \frac{100}{1 + \left[\dfrac{d_{50}}{d} \right]^2}$$ 6-4

حيث:

E = كفاءة تجميع الجسيمات بالفرازة المخروطية (%)

d_{50} = قطر القطع 50 بالمائة (قطر الحبيبة الذي تكون كفاءة التجميع عنده تعادل 50 بالمائة) (م)

d = قطر الجسيمات ذات المقاس المعين (ميكرومتر)

شكل 6-5 كفاءة الفرازة المخروطية

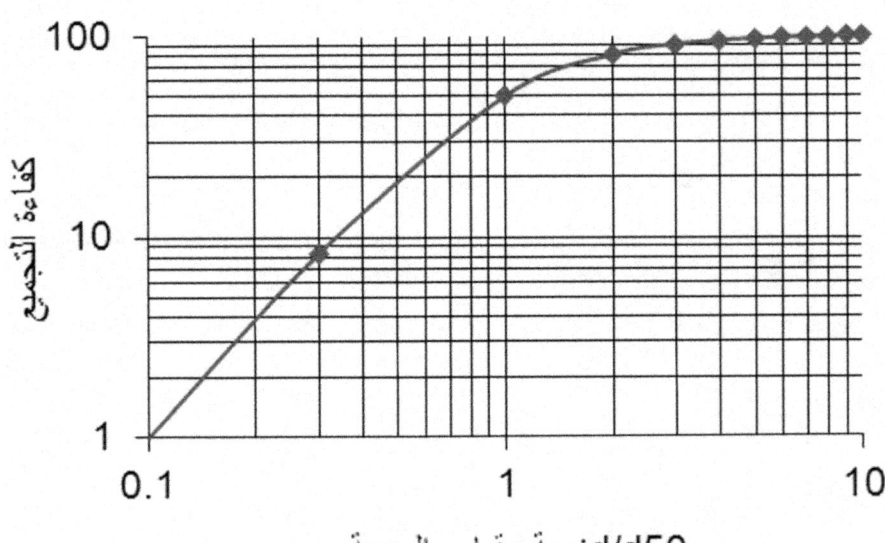

أما فقد الضغط عبر الفرازة المخروطية فيمكن تقديره من المعادلة 6-5.

$$\Delta P = 3950*K*Q^2*P*\rho/T \qquad 6-5$$

حيث:

ΔP = فقد الضغط عبر الفرازة المخروطية (متر ماء)

K = ثابت يعتمد على قطر الفرازة

P = الضغط (جو)

ρ = كثافة الغاز (كجم/م^3)

T = درجة الحرارة (كلفن)

مثال 6-2

فرازة مخروطية عرضها الداخلي 0.4 م بها 4 لفات فعالة، استخدمت لإزالـــة جسـيمات صلبة متوسط قطرها 30 ميكرومتر وكثافتها 1300 كجم/م 3. علما بأن مسـار الهـواء

يتحرك بسرعة 400 م/دقيقة ودرجة حرارته 300° م، جد كفاءة الفــــرازة المخروطيـــة لإزالة الجسيمات.

الحل

1- المعطيات: $B = 0.4$ م، $d = 30$ ميكرومتر، $N = 4$، $\rho p = 1300$ كجم/م3، ui = 400 م/دقيقة (= 300÷60 = 5 م/ث)، $T = 300$° م.

2- جد من جدول م-2 في الملاحق درجتي اللزوجة والكثافة المرادفين لدرجـــة حـــرارة 300° م : $\mu = 2.98\times10^{-5}$ نيوتن.ث/م2، والكثافة تساوى $\rho g = 0.62$ كجم/م3.

3- جد d_{50} من المعادلة:

$$d_{50} = [\ 9\mu B/\ (2\pi\ Nu_i\ (\rho_p - \rho_g\ ))\ ]^{1/2}$$

$$d_{50}=\left[\frac{9\times2.98\times10^{-5}\times0.4}{2\pi\times4\times\frac{400}{60}[1300-0.62]}\right]^{\frac{1}{2}}=22.2\mu m$$

4- جد نسبة $d \div d_{50} = 30$ ميكرومتر ÷ 22.2 ميكرومتر = 1.35

5- جد كفاءة الفرازة المخروطية لإزالة الجسيمات E من شكل 6-5 طبقا لنسبة $d \div d_{50} = 1.35$

وعليه $E = 65\%$

6- كما يمكن إيجاد كفاءة الفرازة المخروطية لإزالة الجسيمات من المعادلة: $E = 100/(1 + (d_{50}/d)^2)$

وعليه: $E = 100 \div (1 + (22.2\div30)^2) = 65\%$

برنامج 6-2:

```
Public Class Form1
    '************************
    'See Appendix (2)
    '************************
    Dim visc_Table(,) As Double =
        {
            {-50, 1.57},
```

```
            {-40, 1.54},
            {-20, 1.61},
            {-10, 1.67},
            {0, 1.71},
            {5, 1.73},
            {10, 1.76},
            {15, 1.8},
            {20, 1.82},
            {25, 1.85},
            {30, 1.86},
            {35, 1.88},
            {40, 1.91},
            {50, 1.95},
            {60, 2},
            {70, 2.04},
            {80, 2.09},
            {90, 2.13},
            {100, 2.17},
            {120, 2.26},
            {140, 2.34},
            {160, 2.42},
            {180, 2.5},
            {200, 2.51},
            {220, 2.61},
            {240, 2.7},
            {260, 2.72},
            {280, 2.82},
            {300, 2.98},
            {400, 2.32},
            {500, 3.64},
            {600, 3.9},
            {700, 4.21}
        }

Dim dens_Table(,) As Double =
{
        {-50, 1.58},
        {-40, 1.51},
        {-20, 1.4},
        {-10, 1.34},
        {0, 1.29},
        {5, 1.27},
        {10, 1.25},
        {15, 1.23},
        {20, 1.2},
        {25, 1.18},
        {30, 1.17},
```

```
        {35, 1.14},
        {40, 1.13},
        {50, 1.11},
        {60, 1.06},
        {70, 1.03},
        {80, 1},
        {90, 0.97},
        {100, 0.95},
        {120, 0.9},
        {140, 0.85},
        {160, 0.81},
        {180, 0.78},
        {200, 0.75},
        {220, 0.72},
        {240, 0.69},
        {260, 0.66},
        {280, 0.64},
        {300, 0.62},
        {400, 0.52},
        {500, 0.46},
        {600, 0.4},
        {700, 0.36}
    }

Private Function find_density(ByVal temp As Double)
  As Double
    Dim i As Integer
    For i = 0 To dens_Table.GetLength(0)
        If dens_Table(i, 0) = temp Then
            Return dens_Table(i, 1)
        End If
    Next
    'not found?
    Return -1
End Function

Private Function find_viscosity(ByVal temp As Double)
  As Double
    Dim i As Integer
    For i = 0 To visc_Table.GetLength(0)
        If visc_Table(i, 0) = temp Then
            Return visc_Table(i, 1)
        End If
    Next
    'not found?
    Return -1
End Function
```

```vb
Private Sub Form1_Load(ByVal sender As System.Object,
  ByVal e As System.EventArgs) Handles MyBase.Load
    Label1.Text = "عرض الفرازة الداخلي-م"
    Label2.Text = "اللفات الفعالة"
    Label3.Text = "متوسط قطر الجسيمات-ميكرومتر"
    Label4.Text = "كثافة الجسيمات-كجم/م3"
    Label5.Text = "سرعة الهواء-م/د"
    Label6.Text = "حرارة الهواء مئوية"
    Label7.Text = "كفاءة الفرازة"
    Button1.Text = "احسب الكفاءة"
    Me.Text = "مثال 2-6"
    Me.FormBorderStyle =
        Windows.Forms.FormBorderStyle.FixedSingle
End Sub

Private Sub Button1_Click(ByVal sender As
  System.Object, ByVal e As System.EventArgs)
  Handles Button1.Click
    Dim B, N, d, rhop, ui, T As Double
    Dim rhog, mu, d50 As Double
    B = Val(TextBox1.Text)
    N = Val(TextBox2.Text)
    d = Val(TextBox3.Text)
    rhop = Val(TextBox4.Text)
    ui = Val(TextBox5.Text) / 60
    T = Val(TextBox6.Text)
    rhog = find_density(T)
    mu = find_viscosity(T)
    If rhog = -1 Or mu = -1 Then
        MsgBox("الرجاء إدخال حرارة مغايرة.",
                vbOKOnly Or vbInformation)
        Exit Sub
    End If
    mu /= 100000
    'find d50 as:
    'd50 = [9mu*B/ (2pi*N*ui(rhop - rhog ))]1/2
    Dim d1, d2 As Double
    d1 = 9 * mu * B
    d2 = 2 * Math.PI * N * ui * (rhop - rhog)
    d50 = Math.Sqrt(d1 / d2)
    d50 *= 1000000
    'find d/d50
    Dim dd As Double
    dd = d / d50
    'find E
    Dim Ed As Double
```

```
        Ed = 100 / (1 + ((d50 / d) ^ 2))
        TextBox7.Text = FormatNumber(Ed, 0)
    End Sub
End Class
```

المرسبات الديناميكية Dynamic precipitators

تعمل وحدات المرسبات الديناميكية على أسس الطرد المركزي بوساطة ريش دوارة لإزالة الملوثات الهوائية. وهذه الوحدات ذات كفاءة أعلى من كفاءة الفرازة المخروطية. وعند التشغيل يفضل تجنب وضع مواد ذات ألياف رطبة بها لأنها تعوق أداء المرسبات{6، 14}.

المرشحات (مجمعات النسيج والحصيرة الليفية أو مرشحات الكيس)

Filters (Fabric and fibrous mat collectors or Baghouse filters)

يماثل عمل مرشحات النسيج أداء منظفات شفط الأوساخ المنزلية Vacuum cleaners . وتستخدم المرشحات لإزالة المواد الصلبة الجافة العالقة من مسار الغاز الجاف والذي على درجة حرارة قليلة تتفاوت بين صفر و 275°م {2، 10}. وتصنع مرشحات النسيج من قماش منسوج أو من لباد أو من قطن أو ألياف زجاجية مخلقة (أنظر شكل 6-6). ويعتمد النسيج الذي تصنع منه مرشحات النسيج على العوامل التشغيلية (مثل الضغط ودرجة الحرارة) ،والتآكل الكيميائي والطبيعي، والعمر الافتراضي وتكلفته{44}. وتختلف ملاءمة كل منها طبقا لنوع الغاز، ودرجة حرارة الجسيمات، والخواص الكيميائية والفيزيائية. ويمكن بفضل هذه المرشحات إزالة 99 بالمائة من المواد التي يصل قطرها إلى 0.3 ميكرومتر.

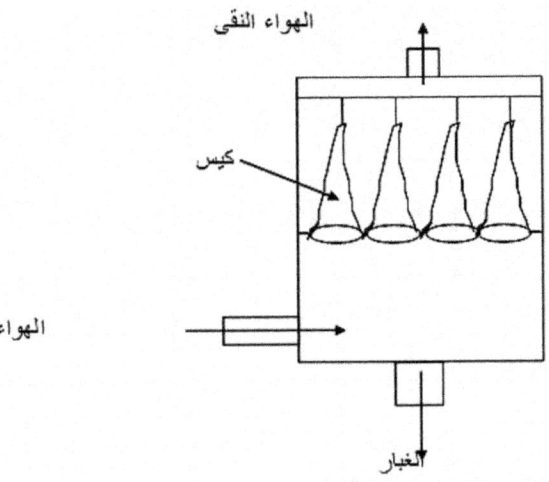

الهواء النقى

كيس

الهواء

الغبار

شكل 6-6   رسم تخطيطى لمرشح النسيج (الحصيرة الليفية)

المجمعات الرطبة (مغسلة الغازات) (Wet collectors (Scrubbers)

تصمم المجمعات الرطبة بغية زيادة مقاس الحبيبة الملوثة باستخدام الماء أو حبيبات الطين السائل Slurry لسهولة إزالة الحبيبات كبيرة الحجم. ويمكن للمجمعات الرطبة تجميــع حبيبات صلبة أو سائلة. ويمكن تصميمها لتقاوم التآكل، كما يمكن تشغيلها على درجـــات حرارة عالية ما دام السائل المستخدم لا يغلي عند إمكانية منع فواقد البخر الكبيرة. وتوجد أنماط وتصاميم وأشكال مختلفة للمجمعات الرطبة، منها النظم التقليدية والفنتشورية (أنظر شكل 6-7) والمغاسل الطاردة المركزية، وأبراج الرش (أنظر شكل 6-7)،   والأبـــراج المحشية. وتزيد مغاسل الغاز ذات الكفاءة العالية من تلامس الماء والهواء بفضل حركـــة عنيفة في مقطع ذي عنق ضيق يسمح بمرور الماء من خلاله. وعادة تزيد كفاءة مغسلـــة الغاز كلما زادت تصادمات الغاز والماء، وكلما قلت فقاعات الغاز أو نقيطات المـــاء {3}. أما في مغسلة الفنتشوري فيصمم دفق الماء عبر مقطع عنق الفنتشوري، ويدخل الماء تحت مسار ضغط عالي في اتجاه عمودي على اتجاه دفق الغــاز. ومــن ثــم تتمكــن مغسلــة الفنتشوري من إزالة الجسيمات التي يزيد مقاسها عن 5 ميكرومتر {3، 6، 10}. ويعتمد أداء مغسلة الفنتشوري على سرعة مسار الغاز، والخواص الكيميائية للغاز والحبيبــات.

ومن ثم ينبغي تشغيل المغسلة على دفق منتظم للغاز للحصول على أداء متصل لحبيبات معينة بتركيز محدد في مسار الغاز.

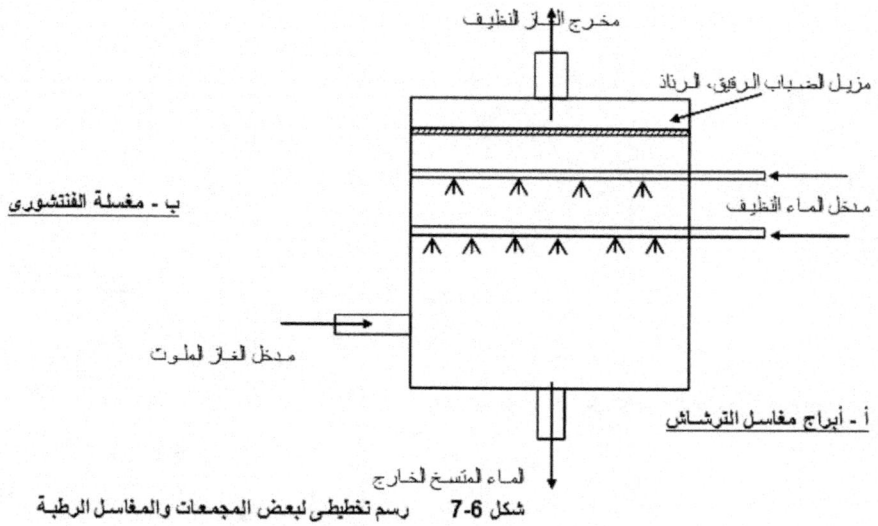

مخرج الغاز النظيف
مزيل الضباب الرقيق، الرذاذ
مدخل الماء النظيف
ب - مغسلة الفنتشورى
مدخل الغاز الملوث
أ - أبراج مغاسل الترشاش
الماء المتسخ الخارج

شكل 7-6 رسم تخطيطى لبعض المجمعات والمغاسل الرطبة

المرسبات الإلكتروستاتية Electrostatic precipitators

تصمم المرسبات الإلكتروستاتية من صفائح وأسلاك بالتناوب. ويثبت تيار كبير مباشر (يتراوح بين 30 إلى 100 كيلوفولت) بين الأسلاك والصفائح {18}. وهذه الحالة تنتج حقل أيوني بين السلك والصفيحة، وعندما يمر مسار الغاز – المحمل بالجسيمات والملوثات – بين السلك والصفيحة تعلق الأيونات بالجسيمات، مما يجعلها تحمل شحنة كهربائية سالبة. ومن ثم ترتحل الجسيمات نحو الصفيحة الموجبة الشحنة لتلتصق بها. وتطرق الصفائح على فترات متكررة ليسمح بسقوط شريحة الجسيمات الملبدة إلى قادوس معين. والمرسبات الإلكتروستاتية ذات كفاءة عالية، وفقد ضغط قليل. وتستخدم لتجميع الحبيبات الجافة والأحماض الأكالة من مسار غاز ساخن (يمكنها تحمل غازات على درجة حرارة 815°م {18}). ومن المستحب أن تكون سرعة الغاز خلال المرسب أقل من 1.5 متر على الثانية ليسمح برحيل الحبيبات وهجرتها. ومن ثم تسمح سرعة الترسيب الإنتهائية

بحمل الشريحة إلى القادوس قبل خروجها من المرسب {6، 20}. ويبين شكل 6-8 رسم تخطيطي لمرسب الكتروستاتي.

تتبع علاقة الكفاءة ومقاس الحبيبة في المرسب الإلكتروستاتي دالة خطية المنحنى تماثــــل تلك الموضحة للفرازة المخروطية كما مبين في المعادلة 6-6.

$$E = 100\left[1 - e^{-\frac{AW}{Q}}\right]$$

6-6

حيث:

E = كفاءة المرسب الإلكتروستاتي (%)

A = مساحة صفائح التجميع (م^2)

w = سرعة انسياق Drift velocity الحبيبات المشحونة نحو قطب المجمع (سرعة هجرة أو رحيل الحبيبات)، (م/ث)

Q = معدل دفق مسار الغاز (م^3/ث)

ويمكن إيجاد سرعة الانسياق من المعادلة 6-7.

w = a*d$_p$

6-7

حيث:

w = سرعة الانسياق (م/ث)

d$_p$ = مقاس الحبيبة (م)

a = ثابت

وعادة تكون سرعة انسياق الحبيبات المشحونة نحو قطب المجمع في حـــدود 0.03 إلـــى 0.2 م/ث{10، 18، 20}.

174

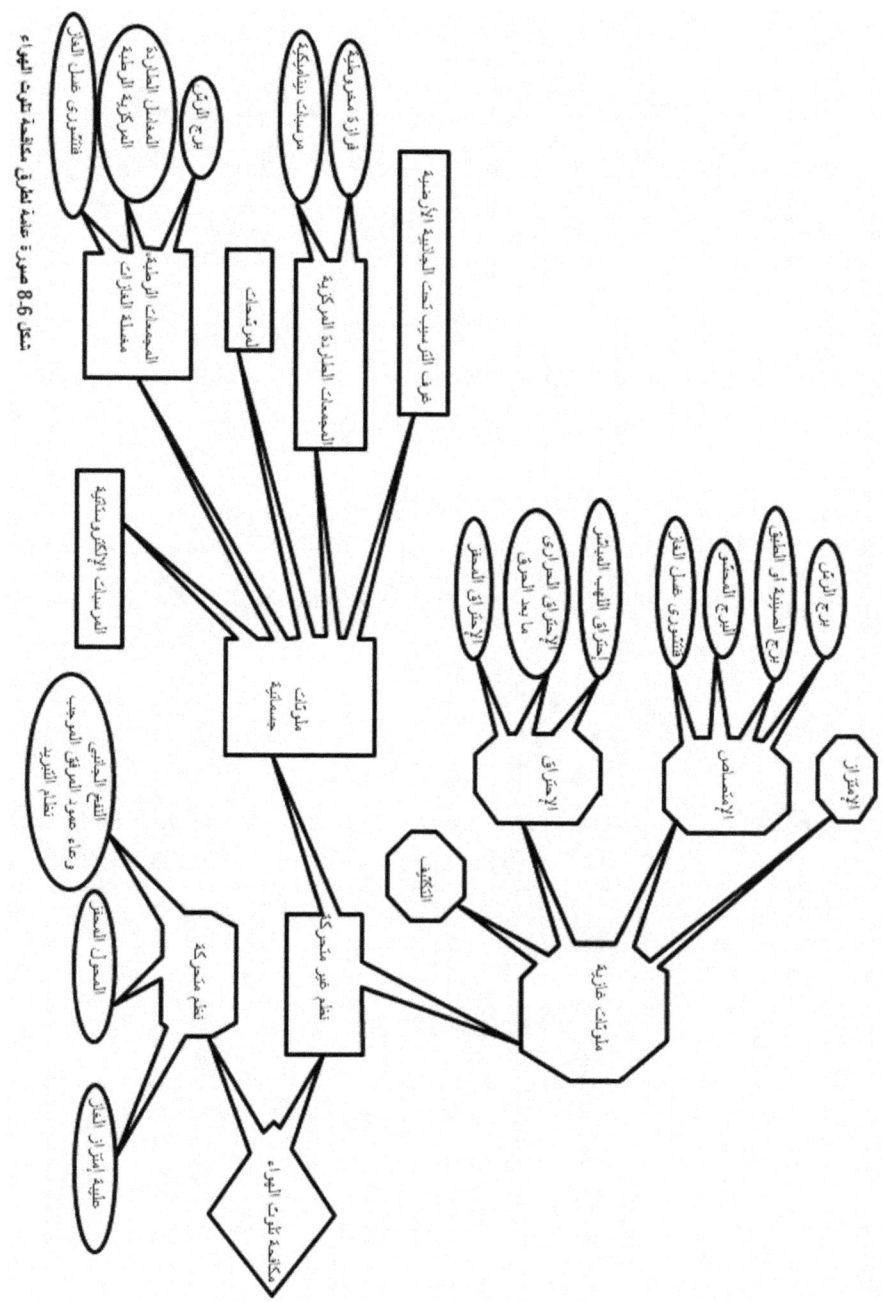

شكل 8-6 صورة عامة لطرق مكافحة تلوث الهواء

مثال 6-3

أستخدم مرسب إلكتروستاتي لإزالة جسيمات من مدخنة تنفث غازات بمعدل 4 م^3/ث. سرعة انسياق الحبيبات المشحونة نحو قطب المجمع تساوى 0.15 م/ث، وقطر الحبيبة المتوسط 0.4 ميكرومتر. جد مساحة الصفيحة اللازمة لإزالة 98 بالمائة من الحبيبات.

الحل

1- المعطيات: Q = 4 م^3/ث، w = 0.15 م/ث، dp = 0.4 ميكرومتر، E = 98%.

2- جد مساحة الصفيحة اللازمة لإتمام إزالة الجسيمات من المعادلة: $E = 100(1 - e^{-Aw/Q})$

$$98 = 100\left[1 - e^{-\frac{0.15A}{4}}\right]$$

ومن ثم يمكن إيجاد المساحة: A = 104 م^2.

برنامج 6-3:

```
Public Class Form1

    Private Sub Form1_Load(ByVal sender As System.Object,
      ByVal e As System.EventArgs) Handles MyBase.Load
        Label1.Text = "معدل نفث الغاز-م3/ث"
        Label2.Text = "سرعة الحبيبات-م/ث"
        Label3.Text = "قطر الحبيبة المتوسط-ميكرومتر"
        Label4.Text = "الإزالة"
        Label5.Text = "مساحة الصفيحة اللازمة-م2"
        Button1.Text = "احسب مساحة الصفيحة"
        Me.Text = "مثال 3-6"
        Me.FormBorderStyle =
            Windows.Forms.FormBorderStyle.FixedSingle
    End Sub

    Private Sub Button1_Click(ByVal sender As
      System.Object, ByVal e As System.EventArgs)
      Handles Button1.Click
        Dim Q, w, dp, Ep, A As Double
        Q = Val(TextBox1.Text)
        w = Val(TextBox2.Text)
```

```
        dp = Val(TextBox3.Text)
        Ep = Val(TextBox4.Text)
        A = Math.Log(1 - (Ep / 100))
        A *= Q
        A /= (-w)
        TextBox5.Text = FormatNumber(A, 1)
    End Sub
End Class
```

6 – 4 مصادر تلوث الهواء المتحركة Mobile sources

يقصد بمصادر تلوث الهواء المتحركة تلك التي لا تستقر في منطقة معينة مثل وسائل النقل. أما بالنسبة لمصادر التلوث من السيارات فإنها تشمل التالي {3، 6}:

- تبخر الهيدروكربونات من خزانات الوقود.
- تبخر الهيدروكربونات من المبخر (المكربن Carburetor) أو أداة مزج الهواء بمركبات النفط والبنزين.
- نفث الغازولين غير المحترق والهيدروكربونات المؤكسدة جزئيا من وعاء عمود المرفق Crankcase.
- نفث أكاسيد النتروجين NO_X والهيدروكربونات وأول أكسيد الكربون من العادم Exhaust.

يبين شكل 6–9 رسم تخطيطي لأهم مناطق الملوثات الصادرة من السيارة. وبالنسبة للفقد المتبخر من خزان الوقود والمكربن فيمكن إزالته بتخزين الأبخرة المبتعثة في عُلبية بها كربون نشط. وعادة تنتج الأبخرة عند بدء تشغيل أو غلق المحرك وعندما يبدأ الغازولين في المكربن في البخر. وبعد ذلك تزال الأبخرة بالهواء لتحترق في المحرك. كما ويمكن إزالة المبتعثات من وعاء عمود المرفق بإغلاق التهوية للغلاف الجوي، وإعادة دوران الغازات المنبعثة في المشعب (وصلة بفتحات جانبية Manifold) الداخل. وصمام وعاء عمود المرفق الموجب عبارة عن صمام فاحص يستخدم لمنع استمرار زيادة الضغط على العمود. أما بالنسبة للملوثات المبتعثة من العادم فتصعب مكافحتها والتحكم فيها، وهذا مما يؤسف له لاسيما وتصدر منها معظم الملوثات إذ تبلغ تراكيز الهيدروكربونات الصادرة منها 60 بالمائة، وتأتي عبرها كل أكاسيد النتروجين وأول أكسيد الكربون والرصاص

المنبعث من السيارة {3}. وتزداد المشاكل عند انخفاض الكفاءة التشغيلية للسيارة نسبة لظروف السياقة، أو لضعف الصيانة الدورية المطلوبة. وعلمة تتدنى كفاءة تشغيل السيارات وتتفاقم مشاكل التلوث الهوائي من المواد المبتعثة منها عند الوقوف القصير المتقطع والمتكرر، والسياقة بسرعات بطيئة، وتكرار بدء التشغيل والوقوف {6، 14}. ومن طرق مكافحة إبتعاث الملوثات من الاحتراق الداخلي بالمحرك ضبط المحرك Tune up، وإعادة دوران غاز العادم، وتطوير المحرك، واستخدام المفاعلات المحفزة.

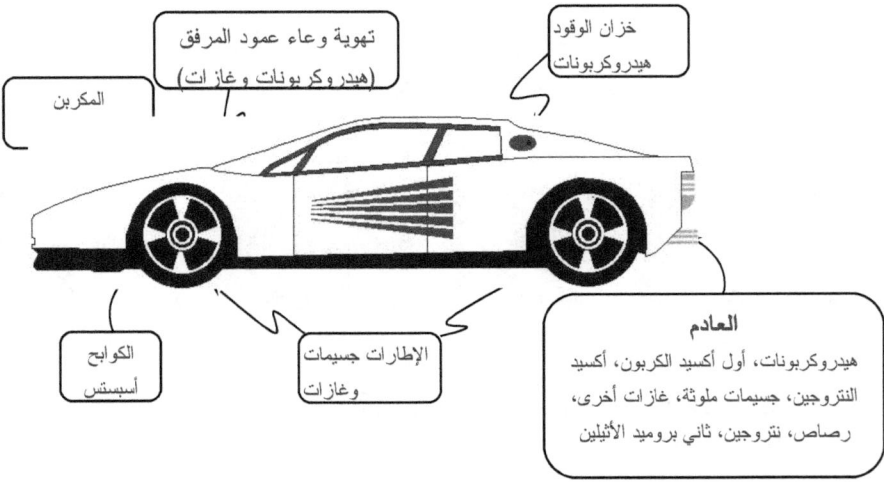

شكل 6-9 رسم تخطيطي لأهم مناطق الملوثات الهوائية الصادرة من المركبات

عامة من أهم الخطى في طريق مكافحة تلوث الهواء والتحكم فيه تتمثل في وضع إستراتيجية واضحة المعالم لتقليل إنتاج الملوثات ومنعها. وبما أن نسبة كبيرة من الملوثات الهوائية تنتج من احتراق الوقود الطمري، فلابد من ترشيد استخدام الطاقة في سبيل تقليل الملوثات. ومن المتوقع أن تأتى التقانة العلمية والتكنولوجيا الحديثة بما يساعد نحو إنتاج مرامد وأجهزة احتراق تحسن من استخدام الوقود، وصنع سيارات أصغر وأخف لتقليل

تلوث الهواء، أو استخدام مصادر أخرى بديلة مثل الطاقة النظيفة (شمسية، وهوائية، ونووية) أو استخدام وقود بديل نظيف{6}.

ويجب العمل على رفع الوعي البيئي بمخاطر الملوثات الهوائية عند الجمهور المثقف والعامة على حد سواء بغية حماية البيئة ونظافتها. وعادة تحتوى الإستراتيجية القومية للدولة برامج تثقيفية تقوم باستحداثها وتطبيقها الوزارات والبلديات وجهات الاختصاص. ثم تبرز وتسلط الأضواء عليها عبر أجهزة الأعلام (مثل الصحف السيارة والتلفاز والمذياع والمسرح وغيرها من وسائل التقانة المرئية والمسموعة)، بالإضافة لاستخدام الكتيبات والدوريات والملصقات وغيرها من الوسائل المقروءة، في تكامل ومساندة مدروسة وواضحة المعالم بين الوحدات المختلفة، من خلال أطر ومشاريع وبرامج تخاطب للوعي البيئي. تركز هذه البرامج في – حملتها الإعلامية والدعائية – على المدارس والشباب والمرأة والمزارع والصناعي والعامل والسياسي في المؤسسات المختلفة. ومحدات هذه المجهودات تتضح بطبيعتها المنفصلة أحيانا والمستميلة أحيانا أخرى، وافتقارها إلى الصفات التعليمية والاستساغة في جوانب أخرى. وعليه فلابد من التركيز على البرامج الهادفة لزيادة تثقيف المجتمع وتوعيته عبر نشر المفاهيم البيئية الجيدة والتقانات الملائمة ومعايير التشريع ...الخ، وذلك بالاستفادة من كل السبل والإمكانيات والموارد المتاحة: من اجتماعية ودينية وثقافية واقتصادية وتعليمية وعقائدية .. الخ {6، 45}.

جدول 6-3 أمثلة لبعض نظم التحكم في الملوثات الهوائية الصناعية {1، 10}

الصناعة	مصدر النفث	الجسيمات والمواد	نظم التحكم
صناعة الحديد	أفران الصهر	أكسيد الحديد، وغبار، ودخان	فرازة مخروطية، ومرشح، وترسيب إلكتروستاتيكي، ومغسلة غازات
التعدين غير الحديدي	أفران الصهر	دخان، وأبخرة معدنية، وزيوت، وشحوم ودهون	ترسيب إلكتروستاتيكي، ومرشحات نسيجية

تكرير النفط	منتجات العوامل المساعدة، وترميد الحمأة	غبار العوامل المساعدة، ورماد من الحمأة	فرازة مخروطية، وترسيب إلكتروستاتيكي، ومغسلة، ومرشح
الأسمنت البورتلاندي	كمائن، ومجففات، ونظم نقل المواد	غبار الصناعة، وقواعد	مرشح نسيجي، وتجميع ميكانيكي
الأوراق	أفران تجميع، وكمائن الجير، وأحواض smelt	غبار كيميائي	ترسيب إلكتروستاتيكي، ومغسلة فنتشوري
إنتاج الأحماض	عمليات حرارية، وطحن، rock acidulating	ضباب حمضي، وغبار	ترسيب إلكتروستاتيكي
إنتاج الفحم الحجري	عمليات الحرق، والتعامل مع مواد الإطفاء	غبار الفحم، وقطران الفحم	
الزجاج والألياف الزجاجية	أفران، وعمليات التشكيل و curing	ضباب حمضي، وأكاسيد قاعدية، غبار، هباب	مرشح نسيجي، ومحارق

من أهم الملوثات الغازية المشكلة لمخاطر تلوث: أول أكسيد الكربون، وأكاسيد النيتروجين والكبريت، والهيدروكربونات.

التحكم في أول أكسيد الكربون

يتكون أول أكسيد الكربون كنتاج للتفاعلات الكيميائية بين الوقود الكربوني والأكسجين بسبب غنى الخليط وعدم وجود أكسجين كافي للتفاعل، أو بسبب الاضطراب الضعيف للوقود والهواء في المفاعل، أو بسبب درجات الحرارة العالية في مناطق الحرق حيث يؤدي الاتزان الكيميائي إلى تحلل CO_2 إلى CO. ويصعب التخلص من CO بالتقاذ ات العادية مما يوجب معه الاهتمام بمنع تكوينه. وأفضل السبل العملية لتقليل نفث CO م ن

مصادر الاحتراق الثابتة هي: التصميم الجيد، والتشغيل الكفء، والصيانة الدورية لأجهزة الحرق.

التحكم في نفث ثاني أكسيد الكبريت SO_2

هناك ثلاث استراتيجيات للتحكم في منفوثات SO_2 من مصادر الاحتراق الثابتة تضم: إحلال الوقود، وإزالة الكبريت من الوقود، وإزالة SO_2 من مسار الغازات الحارقة. ومن أهم الطرق المتبعة لإزالة SO_2: الامتصاص بالقواعد، والامتصاص بالمواد العضوية، والأكسدة أو الاختزال بالعوامل المساعدة، والامتزاز عبر المواد الصلبة، والحقن في الأفران.

(1) الامتصاص بالقواعد ينزع SO_2 من مسار غاز الوقود ليتحد كيميائياً به؛ وفي مرحلة أخرى يسترجع الكبريت. ومن العوامل المستخدمة: أكسيد المغنسيوم MgO، وهيدروكسيد الصوديوم $NaOH$ ، وكبريتيد الصوديوم Na_2SO_3 وكربونات المعادن، وثاني أكسيد المنجنيز MnO_2. بالإضافة إلى استخدام قواعد لا تستعاد مرة أخرى مثل الجير والحجر الجيري.

(2) الحقن بالفرن: حيث تحقن الدولوميت الجاف $MgCO_3$ والحجر الجيري $CaCO_3$ في الفرن ليتفاعل الخليط مع SO_2 وتزال الكبريتات والمواد غير المتفاعلة والرماد بالمجمعات والغسيل الرطب.

(3) الأكسدة بالعوامل المساعدة: باستخدام عوامل مساعدة لأكسدة SO_2 إلى SO_3 مثل خماسي أكسيد الفناديوم Vanadium pentoxide. أما الاختزال لغاز SO_2 بعامل مختزل مثل CH_4 وهيدروكربونات أخرى في وجود عامل مساعد فيتم لعنصر الكبريت.

$$2SO_2 + CH_4 \xrightarrow[\text{عامل مساعد}]{\text{بوكسيت}} 2H_2O + CO_2 + 2S$$

(4) الامتزاز في مادة صلبة حيث يتم إمتزاز SO_2 في char والكربون النشط.

التحكم في أكاسيد النيتروجين

من أهم السبل للتحكم في أكاسيد النيتروجين المنفوثة من المصادر الثابتة تتعلق بتطوير ظروف التشغيل والتصميم. ومن الطرق التطبيقية لإزالة NO_x : الترسيب، والاختزال في العوامل المساعدة لأكسيد النيتروجين إلى N_2 و O_2 أو التفاعل مع غاز آخر مثل أول أكسيد الكربون، أو الغسيل بالامتصاص بالسوائل (مثل هيدروكسيد الصوديوم والكالسيوم) أو الامتزاز في المواد الصلبة (مثل الكربون النشط وجلي السيليكا ، والراتنجات بالتبادل الأيوني، وأكاسيد الحديد ... الخ).

الباب السابع
التشريعات الهوائية

7 - 1 مقدمة

للتشريعات والقوانين والأحكام والخطوط التوجيهية المتعلقة بمكافحة التلوث والتحكم فيــه أهداف ودوافع محددة ومدروسة تصلح للتبني في أي منطقة، غير أن التطبيق لها تحكمــه ضوابط ومعايير ومتغيرات تختلف من منطقة لأخرى طبقاً متغيرات تضم التالي:

- الظروف والمتغيرات الاجتماعية.
- المعايير الإدارية والإجرائية..
- التقاليد و الموروثات والمعتقدات المحلية.
- التنمية المحلية المستدامة والأهداف العامة التي نيطت بها.
- النواحي الاقتصادية والمالية.
- درجة العون الذاتي والمشاركة الشعبية.
- التقانة الموجودة والكادر الفني المؤهل.

ولا يكفي وضع التشريعات والأحكام دون متابعة تطبيقها والعمل على هديها وتطويرهـــا والحرص عليها. ويتطلب هذا الإجراء إنشاء المعلمــل والمخـــابر المركزيـــة وتحـــديثها للفحص، وكشف درجة التلوث ومدى خطورته وكيفية محاربته ومنع تكراره بصفة دورية مستمرة على مدار العام. كما ويتطلب سن التشريع وتطـــبيقه، وجـــود الجهـــاز الإداري المؤهل والذي يعمل في تناغم وتنسيق مع جهات الفحص والتجـــارب. وبهـــذا المفهـــوم التكافلي يتسنى تحقيق بيئة عمل صالحة وخالية من أو قليلة التلوث. ويبين شكل 7-1 {10، 46، 47} تصور لنوع التعاون والتآزر المطلوب بين الفئات المختلفة العاملة في مجال مكافحة التلوث والمحافظة على البيئة.

من المتبع التركيز على التحكم في تراكيز الملوثات في الهواء الجوي للمستويات الـــتي لا يلاحظ فيها تأثير على الصحة العمومية؛ ويطلق على هذه المستويات الضـــابطة للصـــحة المواصفات الرئيسة لنوعية الهواء. وتوضع مواصفات أخرى اعتماداً على آثار الملوثات على الحيوان والنبات والمواد ويطلق عليها المواصفات الثانوية.

7 – 2 التشريعات والأحكام والمعايير والقوانين المتعلقة بالمعايير الهوائية ومكافحة تلوث الهواء

عادة يتم وضع التشريعات الهوائية لحالات الهواء السائد (المحيط بالمنطقة Ambient air conditions) {3، 7، 10}. وتهدف التشريعات الهوائية إلى حماية الإنسان والحيوان والنبات والممتلكات. ويمكن تقسيم التشريعات إلى عدة محاور منها التشـــريعات الأوليـــة (الرئيسة) والتشريعات الثانوية.

تختص التشريعات الأولية أو الرئيسة بمعدلات ونوع الهواء الهامة مع أخذ هامش للسلامة لحماية الصحة العامة، غير أن هذه التشريعات لا تمنع حدوث الآثار الضارة مـــن تلـــوث الهواء {10، 44}.

أما التشريعات الثانوية فهي تعمل على حماية الأفراد، حتى ذوى الحساسية منهم، بما فيهم كبار السن والأشخاص الذين لهم مشاكل وأمراض في الجهاز التنفسي {10، 20}، كما

وتقوم هذه التشريعات بالحماية من آثار النظم الأخرى {2، 10}. وتوضع التشريعات للعديد من العينات لمدة متوسطة من الزمن، لاعتماد الآثار الناجمة على درجة تركيز الملوث وزمن التعرض.

كما ويمكن تقسيم التشريعات إلى:

1- تشريعات ذات مدى محتمل Tolerable range تختص بدرجات التركيز التي تملى الوقف الفوري للتلوث.
2- تشريعات ذات مدى مقبول (أو مسموح به Acceptable range) ليعطي هذا المدى حماية مناسبة ضد الآثار الضارة.
3- تشريعات ذات مدى مرغوب Desirable range ليعطي هذا المدى أهداف عامة مستقبلة لنوع الهواء، كما ويأتي بأساسيات سياسة عدم التلوث للمناطق غير المتعرضة للتلوث بالمنطقة.

كما ويمكن تقسيم التشريعات بصورة عامة إلى {10،6، 20}:

1-تشريعات نوع الهواء السائد Ambient air quality standards وهذه تخص التراكيز المقبولة للملوثات الهوائية.
2-تشريعات الانبعاث Emission standards: وهذه تخص المعدلات المسموح بها والتي تطلق على ضوئها الملوثات من مصادر إنتاجها. وعادة توضع هذه التشريعات للمصادر الجديدة، أو عند إجراء تعديلات على المصادر الثابتة، مثل محطات إطلاق طاقة الوقود الطمري، والمرامد، ومحطات الأسمنت البورتلاندي، ومحطات حمض النتريك، ومصافي النفط، ومحطات معالجة الفضلات السائلة، والمصهورات المختلفة.

أما التشريعات الوطنية أو المحلية فتصاغ للمواد السائدة لملوثات الأداء Criteria pollutants، مثل أول أكسيد الكربون، والرصاص، وأكسيد النتروجين، والأوزون، وثاني أكسيد الكبريت، والجسيمات التي يقل قطرها عن أو يساوى 10 ميكرومتر. ومن

الواجب مراجعة ملوثات الأداء باستمرار، وإتمام تعديلها على حسب المعلومات والبيانات العلمية والبحثية المتاحة.

7 - 3 دليل تشريعات الملوث Pollutant standards index PSI

من المفترض أن يطور دليل تشريعات الملوث ليكامل عدة عوامل معقدة تشكل في مجملها خواص الهواء ونوعه {6، 10}. وعادة يستخدم الدليل لإيضاح التقويم اليومي العام عن نوع الهواء للجمهور. ويضم الدليل القياسات السائدة لأهم ملوثات الأداء في صورة أرقام محددة. فمثلا نجد أن الدليل الذي قامت بوضعه جمعية حماية البيئة الأمريكية يربط خمسة من الملوثات تضم: أول أكسيد الكربون، وثاني أكسيد الكبريت، والجسيمات الكلية العالقة، والمواد المؤكسدة الكيماوي-ضوئياً أو الأوزون، وثاني أكسيد النتروجين كما موضح في جدول 6-1. ويقال أن نوع الهواء جيد عندما يكون المقياس السائد لكل ملوثات الأداء لها دليل تشريعات ملوث يساوى 50 أو أقل. كما ويبين جدول 7-1 ملخص مختصر للأثر الصحي المتعلق بعدة مستويات لدليل تشريعات الملوث {6، 10، 14، 20}.

جدول 7-1 دليل تشريعات الملوثات وموصفات نوع الهواء والآثار الصحية المترتبة عليه

دليل تشريعات الملوثات	الوصف	الأثر الصحي	التحذير
صفر إلى 50	جيد		
من 51 إلى 100	متوسط		
من 101 إلى 199	غير صحي	زيادة معتدلة في الأعراض عند الأشخاص القابلين للتأثر، كما تظهر أعراض تهيجات عند الأشخاص الأصحاء	لا بد أن يقلل مرضى القلب أو مرضى الجهاز التنفسي من بذل أي مجهود عضلي أو ممارسة النشاط خارج المنزل
من 200 إلى 299	غير صحي بدرجة كبرى	زيادة كبيرة في الأعراض، ونقصان التمارين المحتملة عند مرضى القلب ومرضى الرئة، كما وتنتشر الأعراض عند الأصحاء	يقبع كبار السن ومرضى القلب والرئة داخل المنازل، ويقلل النشاط العضلي
من 300 إلى 399	خطر	حدوث بعض الأمراض بالإضافة إلى زيادة كبرى في الأعراض، ونقصان التمارين المحتملة عند الأشخاص الأصحاء	يقبع كبار السن والمرضى داخل المنزل ويمتنعون عن بذل التمارين العضلية ويمتنع جمهور الناس عن النشاط خارج المنزل
من 400 أو أكثر	خطر	ربما حدث موت للمرضى وكبار السن، أعراض ضارة للأشخاص الأصحاء تؤثر على نشاطهم العادي	يقبع كل الناس داخل المنازل وتغلق النوافذ والأبواب، ويقلل كل الأشخاص التمارين العضلية ويتجنبون حركة المرور

7 - 4 لائحة التحكم في ملوثات الهواء

تصاغ لائحة التحكم في ملوثات الهواء للتحكم في التلوث الناتج من مصادر ثابتة للمحافظة على صحة وسلامة ورفاهية الإنسان، والمساهمة في التخطيط السليم للبلاد بإتباع أفضل الوسائل العلمية والتي تأخذ في الحسبان الإمكانات التكنولوجية والمالية والظروف المحلية. ويجب أن تحدد مفهوم تلوث الهواء ربما أنه وجود أي مادة أو مواد في الهواء بكميات محسوسة أو لأمد تؤدى إلى تغير في الخواص الطبيعية أو البيولوجية وتعود بالضرر على الإنسان والحيوان والنبات والمباني وتؤدى إلى عدم التمتع بطيب الحياة أو الممتلكات. ومن أهم سمات اللائحة:

- منع انبعاث المواد الضارة والكريهة من مكان إنتاجها إلا بعد المعالجة المقبولة.
- منع الانبعاث المقصود للدخان القاتم من أي موقع.
- تحديد تركيز الانبعاث من الأفران المنزلية المصرح بها وكيفية قياسها.
- ارتفاع المداخن الصناعية.
- وضع ضوابط التفتيش والمراقبة.
- تحديد الأعمال التي تتعرض فيها اللائحة لمعايير مثل: أعمال التحجير، وأعمال الأسبستوس، وأعمال الإسفلت، وأعمال النحاس، ومحارق النفايات والفضلات، وصناعات الأسمنت، والصناعات الخزفية، وصناعات الرصاص، وأعمال الجير، والصناعات البترولية، ومحطات القوى الكهربائية، وأي أعمال لأخرى لمعايير رقمية للانبعاث في الهواء والتي يمكن قياسها بالأجهزة، ومصادر الإنبعاثات الشاردة والتي لا يمكن قياسها ولكن يمكن الحكم عليها بوساطة النظر وبوساطة المراقبين المرخص لهم.

المراجع والمصادر

1. Chatterjee, A.K., Water Supply, Waste Disposal and Environmental Pollution Engineering, Khanna Publishers, Delhi, 5th Edi., 1994.

2. Henry, J. G. and Heinke, G. W., Environmental Science and Engineering, Prentice Hall, Englewood Cliffs, 1989.

3. Vesilind, P. A., Morgan, S. M. and Heine, L. G., Introduction to Environmental Engineering, CL Engineering; 3rd edi., 2009

4. Faris, F. G. Abdel–Magid, I. M. and Abdel–Magid, M. I. M., Problem Solving in Engineering Hydrology, 2nd edi., CreateSpace , 2015.

5. Linsely, R. K.; Kohler, M. A. and Paulhus, J. L. H., Applied Hydrology, Tata McGraw–Hill Pub. Co., New Delhi, 1983.

6. عصام محمد عبد الماجد "الهندسة البيئية"، دار المستقبل للطباعة والنشر، عمـــان، الأردن، 1995.

7. بشير محمد الحسن وعصام محمد عبد الماجد "الصناعة والبيئة: معالجة المخلفات الصناعية"، معهد الدراسات البيئية، جامعة الخرطوم، الخرطوم، السودان، 1986 .

8. عصام محمد عبد الماجد والطاهر محمد الدرديري، الماء، الدار السودانية للكتب، الخرطوم، 2001، الطبعة الثانية.

9. عصام محمد عبد الماجد، مذكرات محاضرات الهيدرولوجيا، جامعة الإمــــارات العربية المتحدة، العين، 1990 (غير منشورة).

10. عصام محمد عبد الماجد "التلوث: المخاطر والحلول"، المنظمة العربيــــة للتربيـــة والثقافة والعلوم، القباضة الأصلية، تونس، 2002.

11. عصام محمد عبد الماجد وبشير محمد الحسن، إمدادات الميـــاه بالســـودان، دار جامعة الخرطوم للنشر، المجلس القومي للبحوث، الخرطوم، السودان، 1986.

12. Raudkivi, A. J., Hydrology – an Advanced Introduction to Hydrological Processes and Modeling, Pergamon Press, Oxford, 1979.

13. Faris Gorashi Faris, F. G. Abdel-Magid, I. M. and Abdel-Magid, M. I. M., Problem Solving in Engineering Hydrology, 2nd edi., 2015, CreateSpace

14. Peavy, H. S.; Rowe, D. R.; and Tchobanoglous, G. Environmental Engineering, McGraw-Hill Book Co., New York, 1985.

15. Salvato, J. A., and Nemerow, N. L., Environmental Engineering, Wiley; 5th edi. 2003.

16. Green, D. and Perry, R., Perry's Chemical Engineers' Handbook, 8th Edi., McGraw-Hill Education, 2007.

17. Abdel-Magid, I. M., Hago, A., Rowe, D. R., Modeling Methods for Environmental Engineers, CRC Press\Lewis Publishers, Boca Raton FL, 1995.

18. صحيح البخاري" شرح وتحقيق الشيخ قاسم الشماعي الرفاعي، دار القلم، بيروت، مجلد 1-9، 1987.

19. Davis M. L. and Cornwell, D. A., Introduction to Environmental Engineering, McGraw-Hill Inter. Edi., Chemical Engng. Series, 2nd Edi., New York, 1991.

20. Martin, A. and Samuel A. Harbison; An introduction to radiation protection; CRC Press; 5 edi., 2006.

21. Walter. J. Moor; physical chemistry, fourth edition; Longmans Green and Co. Ltd. UK, (1963).

22. Wahba, M. and Razik, H. A., Introduction to pysical chemistry; Anglo Egyptian bookshop, Cairo, Egypt, 1959.

23. Choppin, G. and Liljenzin, J., Radiochemistry and Nuclear Chemistry, Academic Press; 4 edi., 2013.

24. Lippincott, W. T. Garret, A. B. and Verhork, H. F., Chemistry: astudy of matterm third edition; John Wiley and sons, Inc., USA, 1977.

25. Silberberg, M., Principles of General Chemistry, McGraw–Hill Education; 3 edi., 2012.

26. Donell, G. H. O' and Sangster, D. F., Principles of radiation chemistry, first edition; Chaucer press Ltd., UK, (1970).

27. UNSCEAR, United nation scientific committee on the effect of atomic radiation sources and effect of ionizing radiation, report on the general assrmply with scientific annexes; United nation, New York, 1982.

28. Yarmonenko, S. B., Radiobiology of human and animal, English translation; Mir publishers, Moscow, (1988).

29. حسنى ابراهيم الحايك؛ التكنولوجيا النووية وصناعة القنبلة, تأثيرها والوقاية منها, الطبعة الاولى 1413هــ ــــ 1993م؛ اناشــــر للطباعـــة والنشـــر والتوزيــــع والاعلان عمان الاردن.

30. حسن مظفر الرزو؛ تلوث الهواء بالمواد المشعة, مصادره وسبل معالجته وتأثيراته على البيئة, (الذرة والتنمية), نشرة علمية اعلامية, تصدرها الهيئة العربية للطاقة الذرية المجلد السابع (اكتوبر, نوفمبر, ديسمبر 1995م).

31. رفعت محمد كامل الشناوى؛ الوقاية من مخاطر التلوث الاشعاعى, الذرة والتنمية, نشرة علمية اعلامية فصلية, تصدرها الهيئة العربية للطاقة الذرية المجلد التاســـع ــ العدد الرابع 1997م.

32. عمار عبد الرحمن السعد؛ الرادون: مخاطره ومنافعه, (الذرة والتنميـــة), نشـــرة علمية اعلامية فصلية, تصدرها الهيئة العربية للطاقة الذرية المجلد الحادى عشر ــ العدد الثانى 1999م.

33. حسين الونداوى؛ الرادون وتأثيره على البيئة والانسان, (الذرة والتنميـــة), نشـــرة علمية اعلامية فصلية, تصدرها الهيئة العربية للطاقة الذرية المجلد الحادى عشر ــ العدد الثالث 1999م.

34. رياض شوكانى؛ غاز الرادون, منشأه, خصائصه, سلوكه واخطاره, ورقة قدمت فى الدورة التدريبية حول طرق واساليب القياسات الاشعاعية البيئية, هيئة الطاقة الذرية السورية بالتعاون مع الهيئة العربية للطاقة الذريـــة, دمشـــق 24/ ــــــــ 4/5/2000م.

35. Nazaroff W. W., Doyle, S. M., Nero, A. V. and Sextro, R. G.; Portable water as a source of airborn 222Rn in U.S. dwellings: a review and assessment. Health Phys., 52, 281, 1987.

36. Kahlos H. and Asikainen M.; Internal radiation doses from radioactivity of drinking water in Finland; Health Phys., 39, 108, 1980.

37. Colle R., Rubin R. J., Knop L. I. and Hutchinson J. M. R.; Radon transport through and exhalation from building materials: A review and assessment, NBS Tech. Note 1139.

38. محمد الحشرى؛ طرائق قياس غاز الرادون فى التربة, ورقة قدمت فى الدورة التدريبية حول طرق واساليب القياسات الاشعاعية البيئية, هيئة الطاقة الذرية السورية بالتعاون مع الهيئة العربية للطاقة الذرية, دمشق 24/ — 4/5/2000 م.

39. Hassona, R. K. Eltayb, M. A. H. Idris, A. A., Atmospheric Aerosol in Khartoum using X-ray fluorescence analysis, fourth Arab conference on the peaceful uses of atomic energy, Tuunis: 14-18/ 11 1998, Arab atomic energy agency.

40. Eltyb, M. A. H., Application of X-ray emission spectrometry to some environmental problems in Africa., Ph.D. thesis, University of Antwerp, 1993.

41. عاطف عليان؛ تلوث الهواء وطرق الكشف عنه, (الذرة والتنمية), نشرة علمية اعلامية فصلية, تصدرها الهيئة العربية للطاقة الذرية المجلد الحادى عشر — العدد الثانى 1999م.

42. Masters, G. M., and Ela, W. P., Introduction to Environmental Engineering and Science, Prentice Hall; 3 edi., 2007.

43. Stern, A. C., Boubel, R. W., Turner, D. B., and Fox, D. L., Fundamentals of Air Pollution, 2nd Edi., Academic Press INC., Orlando, Florida, 1984.

44. Abdel-Magid, I.M.; and El-Zawahry, A., Preconditions and Requirements for Successful Environmental Policies in the Sultanate of Oman, the Sudan and Egypt, paper presented at

the Conference on Preconditions and Requirements for Successful Environmental Policies in the Arab World, from 3 to 5 May 1993, held in Irbid, Jordan, organized by the Earth and Environmental Science Department, the Yarmouk University; the National Program for Environmental Awareness and Information; and Friedreich Naumann Stiftung.

45. WHO, Guidelines for Drinking Water Quality, World Health Organization; 3rd edi., 2004.

46.   عصام محمد عبد الماجد وحامد إبراهيم حامد ومحمد فكرى شلبي "تلوث البيئـــة البحرية أسبابها ومخاطرها وتشريعات الحماية منها"، ورقة علمية عرضت فـــي مؤتمر حماية البيئة البحرية الذي أقامته كلية الشريعة والقانون بجامعة الإمـــارات العربية المتحدة، العين، في الفترة 26 إلى 27 أبريل 1989.

47. Holland, J. Z., A Meteorological Survey of the Oak Ridge Area, (U. S. Atomic Energy Commission Report No. ORO-99), Washington, D.C., U. S. Government Printing Office, P. 540, 1953.

48. McMurry, J. E. and Fay, R. C., Chemistry, Prentice Hall, 7th Edi., 2015.

المرفقات

مرفق م-1: ضغط بخار الماء المشبع بدلالة الحرارة

0.9	0.8	0.7	0.6	0.5	0.4	0.3	0.2	0.1	0	درجة الحرارة (مئوية)
									2.2	-10
2.17	2.19	2.21	2.22	2.24	2.26	2.27	2.29	2.3	2.3	-9
2.34	2.36	2.38	2.4	2.41	2.43	2.45	2.47	2.49	2.5	-8
2.53	2.55	2.57	2.59	2.61	2.63	2.65	2.67	2.69	2.7	-7
2.73	2.75	2.77	2.8	2.82	2.84	2.86	2.89	2.91	2.9	-6
2.95	2.97	2.99	3.01	3.04	3.06	3.09	3.11	3.14	3.2	-5
3.18	3.22	3.24	3.27	3.27	3.32	3.34	3.37	3.39	3.4	-4
3.44	3.46	3.49	3.52	3.52	3.57	3.59	3.62	3.64	3.7	-3
3.7	3.73	3.76	3.79	3.79	3.85	3.88	3.91	3.94	4	-2
4	4.03	4.05	4.08	4.08	4.14	4.17	4.2	4.23	4.3	-1
4.29	4.33	4.36	4.36	4.4	4.46	4.49	4.52	4.55	4.6	0
4.89	4.86	4.82	4.78	4.75	4.71	4.69	4.65	4.62	4.6	0
5.25	5.21	5.18	5.14	5.11	5.07	5.03	5	4.96	4.9	1
5.64	5.6	5.57	5.53	5.48	5.44	5.4	5.37	5.33	5.3	2
6.06	6.01	5.97	5.93	5.89	5.84	5.8	5.76	5.72	5.7	3
6.49	6.45	6.4	6.36	6.31	6.27	6.23	6.18	6.14	6.1	4
6.96	6.91	6.86	6.82	6.77	6.72	6.68	6.54	6.58	6.5	5
7.46	7.41	7.36	7.31	7.25	7.2	7.16	7.11	7.06	7	6
7.98	7.93	7.88	7.82	7.77	7.72	7.67	7.61	7.56	7.5	7
8.54	8.48	8.43	8.37	8.32	8.26	8.21	8.15	8.1	8	8
9.14	9.08	9.02	8.96	8.9	8.84	8.78	8.73	8.67	8.6	9
9.77	9.71	9.65	9.58	9.52	9.46	9.39	9.33	9.26	9.2	10
10.45	10/38	10.31	10.24	10.17	10.1	10.03	9.97	9.9	9.8	11
11.15	11.08	11	10.93	10.86	10.79	10.72	10.66	10.58	11	12
11.91	11.83	11.76	11.68	11.6	11.53	11.75	11.38	11.3	11	13
12.7	12.62	12.54	12.46	12.38	12.96	12.22	12.14	12.06	12	14
13.54	13.45	13.37	13.28	13.2	13.11	13.03	12.95	12.86	13	15
14.44	14.35	14.26	14.17	14.08	13.99	13.9	13.8	13.71	14	16
15.38	15.27	15.17	15.09	14.99	14.9	14.8	14.71	14.62	15	17
16.36	16.26	16.16	16.06	15.96	15.96	15.76	15.66	15.56	15	18
17.43	17.32	17.21	17.1	17	16.9	16.79	16.68	16.57	16	19
18.54	18.43	18.31	18.2	18.08	17.97	17.86	17.75	17.64	18	20
19.7	19.58	19.46	19.35	19.23	19.11	19	18.88	18.77	19	21
20.93	20.8	20.69	20.58	20.43	20.31	20.19	20.06	19.94	20	22
22.23	22.1	21.97	21.84	21.71	21.58	21.45	21.32	21.19	21	23
23.6	23.45	23.31	23.19	23.05	22.91	22.76	22.63	22.5	22	24
25.08	24.94	24.79	24.64	24.49	24.35	24.2	24.03	23.9	24	25
26.6	26.46	26.32	26.18	26.03	25.89	25.74	25.6	25.45	25	26
28.16	28	27.85	27.69	27.53	27.37	27.21	27.05	26.9	27	27
29.85	29.68	29.51	29.34	29.17	29	28.83	28.66	28.49	28	28
31.64	31.46	31.28	31.1	30.92	30.74	30.56	30.38	30.2	30	29
33.52	33.33	33.14	32.95	32.76	32.57	32.38	32.19	32	32	30

البخار المشبع (ملم زئبق)

Source: Wilson, E.M., Engineering Hydrology, Macmillan Education, 3rd Edi., Houndmills, 1983.

مرفق م-2 خواص الهواء على الضغط الجوي القياسي
باسكال 101325

درجة اللزوجة		الوزن النوعي نيوتن/م 3	الكثافة كجم/م 3	درجة الحرارة م
الكينامتكية ث/م 2	الديناميكية نيوتن*ث/م 2			
1.01×10^{-5}	1.57×10^{-5}	15.5	1.58	-50
1.04×10^{-5}	1.54×10^{-5}	14.85	1.51	-40
1.16×10^{-5}	1.61×10^{-5}	13.68	1.4	-20
1.24×10^{-5}	1.67×10^{-5}	13.2	1.34	-10
1.32×10^{-5}	1.71×10^{-5}	12.67	1.29	0
1.36×10^{-5}	1.73×10^{-5}	12.45	1.27	5
1.41×10^{-5}	1.76×10^{-5}	12.23	1.25	10
1.47×10^{-5}	1.8×10^{-5}	12.01	1.23	15
1.51×10^{-5}	1.82×10^{-5}	11.81	1.2	20
1.56×10^{-5}	1.85×10^{-5}	11.61	1.18	25
1.6×10^{-5}	1.86×10^{-5}	11.43	1.17	30
1.63×10^{-5}	1.88×10^{-5}	11.09	1.14	35
1.69×10^{-5}	1.91×10^{-5}	11.05	1.13	40
1.79×10^{-5}	1.95×10^{-5}	10.88	1.11	50
1.89×10^{-5}	2×10^{-5}	10.4	1.06	60
1.99×10^{-5}	2.04×10^{-5}	10.09	1.03	70
2.09×10^{-5}	2.09×10^{-5}	9.81	1	80
2.19×10^{-5}	2.13×10^{-5}	9.54	0.97	90
2.29×10^{-5}	2.17×10^{-5}	9.28	0.95	100
2.51×10^{-5}	2.26×10^{-5}	8.82	0.9	120
2.74×10^{-5}	2.34×10^{-5}	8.38	0.85	140
2.97×10^{-5}	2.42×10^{-5}	7.99	0.81	160
3.2×10^{-5}	2.5×10^{-5}	7.65	0.78	180
3.4×10^{-5}	2.51×10^{-5}	7.32	0.75	200
3.7×10^{-5}	2.61×10^{-5}	7.02	0.72	220
4×10^{-5}	2.7×10^{-5}	6.75	0.69	240
4.2×10^{-5}	2.72×10^{-5}	6.5	0.66	260
4.5×10^{-5}	2.82×10^{-5}	6.26	0.64	280
4.84×10^{-5}	2.98×10^{-5}	6.04	0.62	300
6.34×10^{-5}	2.32×10^{-5}	5.14	0.52	400
7.97×10^{-5}	3.64×10^{-5}	4.48	0.46	500
9.75×10^{-5}	3.9×10^{-5}	3.92	0.4	600
11.7×10^{-5}	4.21×10^{-5}	3.53	0.36	700

المصدر: عصام محمد عبد الماجد، الهندسة البيئية، دار المستقبل للنشر والتوزيع، 1995

* Henry, J.G. & Heinke, G.W., Environmental Science & Engineering, Prentice Hall, Englewood Cliffs, NJ, 1989

* Munson, B.R., Young, D.F., & Okiishi, T.H., Fundamentals of Fluid Mechanics, John Wiely & Sons, New York, 1990

* Blevins, R.D., Applied Fluid Dynamics Handbook, Van Nostrand Reinhold Co., Berkshire, 1984

* Blake, L.S. Edi., Civil Engineer's Reference Book, Butterworths, London, 1986

م-3 أمثلة الملوثات الهوائية عبر التاريخ

حدثت كوارث ومخاطر عبر التاريخ من جراء تلوث الهواء المحيط بفعل عوامل طبيعية أو كوارث صناعية ومن أمثلتها {9، 48}

العام	الفساد والمشاكل
852	شكوى من فساد الهواء في لندن ببريطانيا من جراء الحرق غير الكامل للفحم في المدافئ المفتوحة للتسخين والتدفئة.
1661	كتب جون ايفلين John Evelyn في لندن تقرير مطول عن تلوث الهواء بلندن واقترح أحزمة خضراء حول المناطق السكنية والتجارية والصناعية. وتحديد المصادر الأكثر تلوثاً لتجعل أدنى اتجاه الرياح.
1873	أشارت السجلات الطبية الإنكليزية لعلاقة زيادة الوفيات مع فترات الضباب الكثيف.
1891	علل الوفيات الزائدة في 1484 إلى تلوث الهواء بلندن.
1926	لاحظت خدمات الصحة العمومية بالولايات المتحدة الأمريكية حمل الجسيمات في بعض المدن.
1930	تقرير عن وباء في 1 إلى 5 ديسمبر بواحة ميوس Meuse ببلجيكا وأشارت التقارير إلى 63 حالة وفاة و 800 من المرضى من آلام الصدر والكحة والعيون وتهيجات الأنف خلال فترة ضباب كثيف.
1948	حادثة تلوث هوائي فظيع في دونورا Donora في بنسلفينيا في 26 إلى 31 أكتوبر لحوالي 14000 نسمة من صناعات الفحم والحديد وحمض الكبريتيك والخارصين والأسمدة والتوليد الكهربائي وسجلت 20 حالة وفاة، وتهيجات عيون وأنف وحنجرة وكحة وصداع.
1950	22 حالة وفاة و 32 تنويم بالمستشفيات لكل الأعمار في 24 نوفمبر في بوزاريكا Poza Rica بالمكسيك.
1952	4000 وفيات في لندن عزيت لتلوث الهواء خلال أربعة أيام في لندن 5 إلى 9 ديسمبر.
1964	سجلت 2000 وفاة وعانى 3000 شخص من مشاكل عيون و 50000 آخرين مرضى في 3 ديسمبر في بوبال Bhopal بالهند.
1966	سجلت في 24 إلى 30 نوفمبر 168 حالة وفاة في نيويورك عزيت للتلوث الهوائي.

م – 4 صور شاشات البرامج المدرجة في الكتاب

برنامج (1-1) – شاشة التصميم:

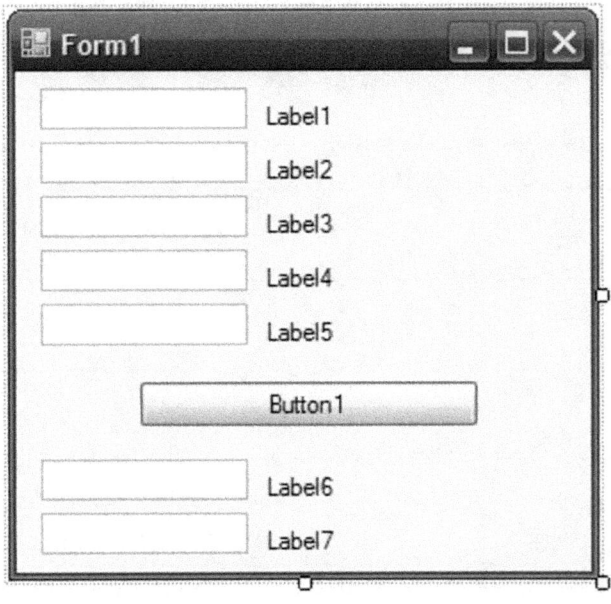

برنامج (1-1) – شاشة العمل:

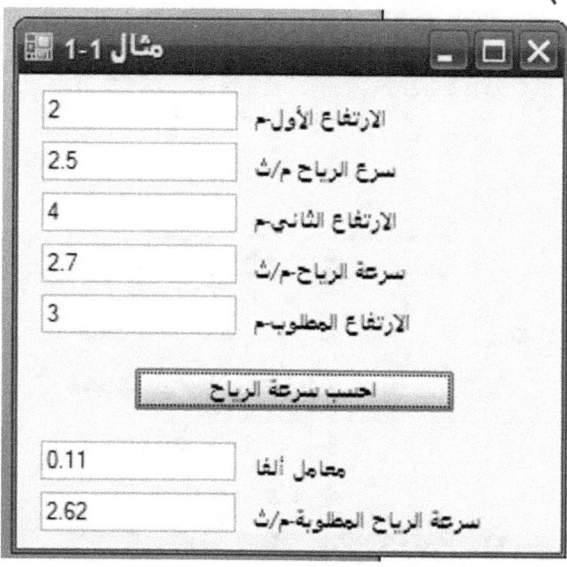

برنامج (1-2) – شاشة التصميم:

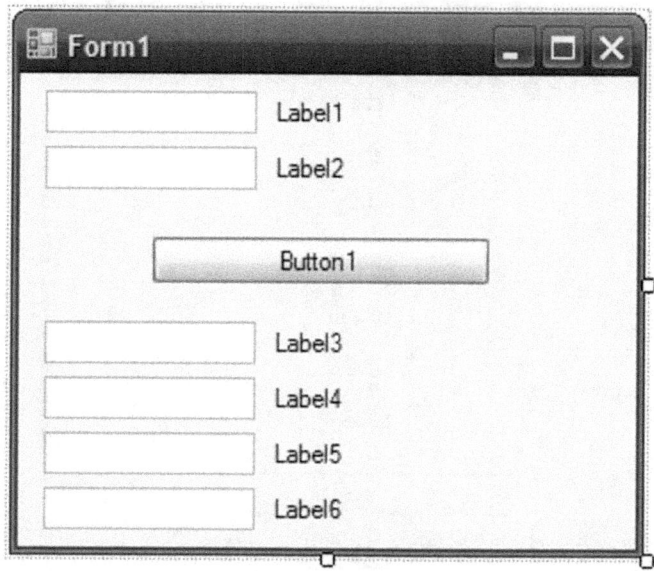

برنامج (2-1) - شاشة العمل:

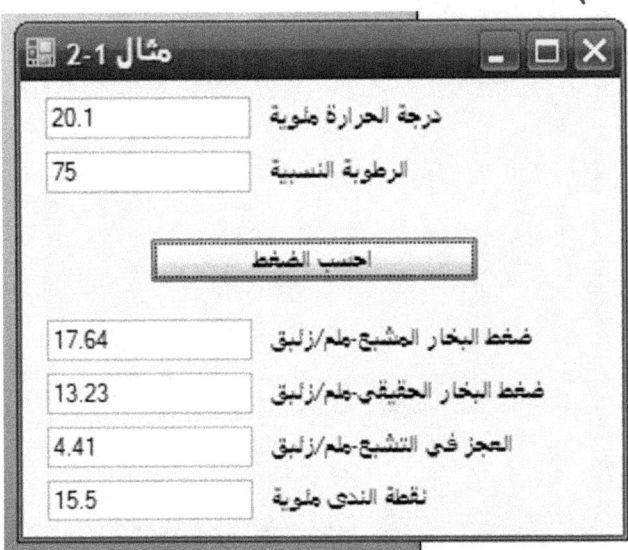

برنامج (5-1) - شاشة التصميم:

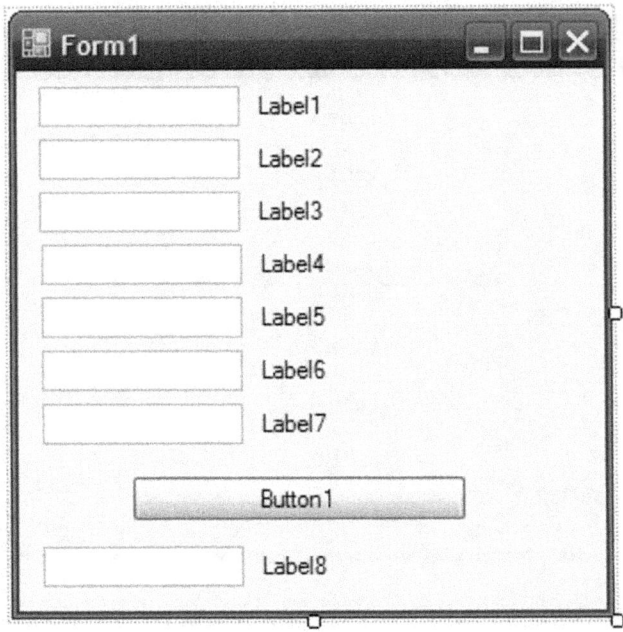

برنامج (5-1) – شاشة العمل:

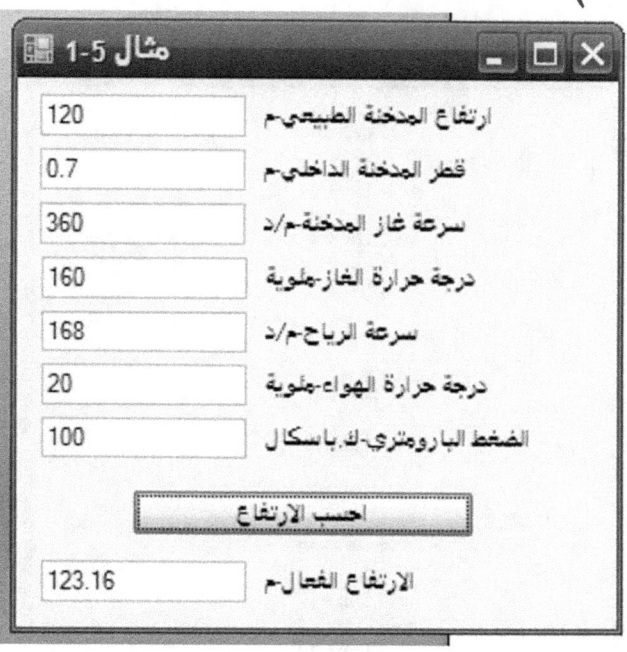

برنامج (5-2) – شاشة التصميم:

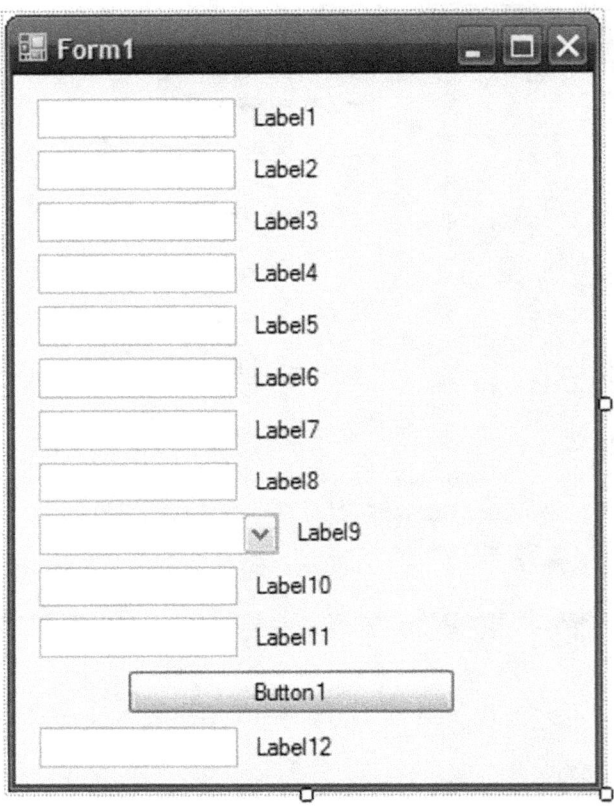

برنامج (5-2) – شاشة العمل:

برنامج (6-1) – شاشة التصميم:

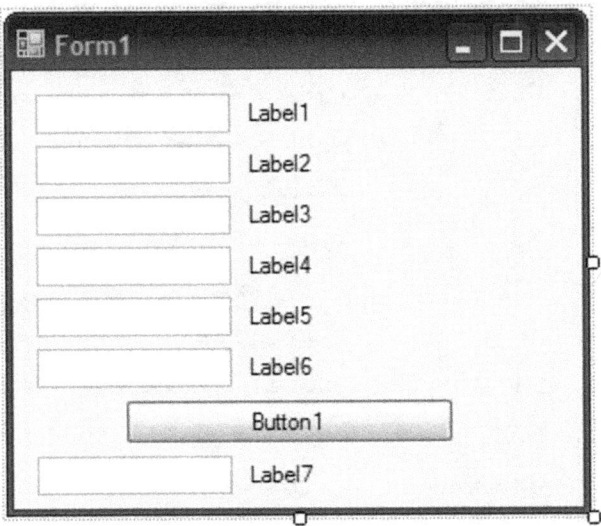

برنامج (6-1) – شاشة العمل:

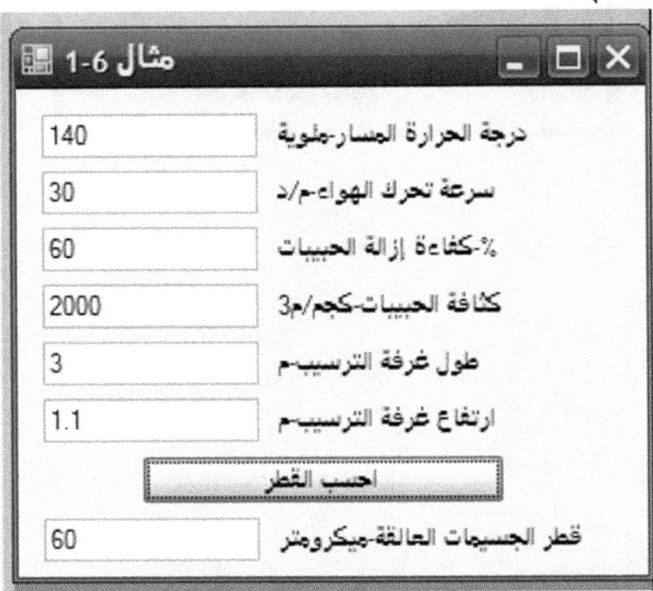

برنامج (6-2) – شاشة التصميم:

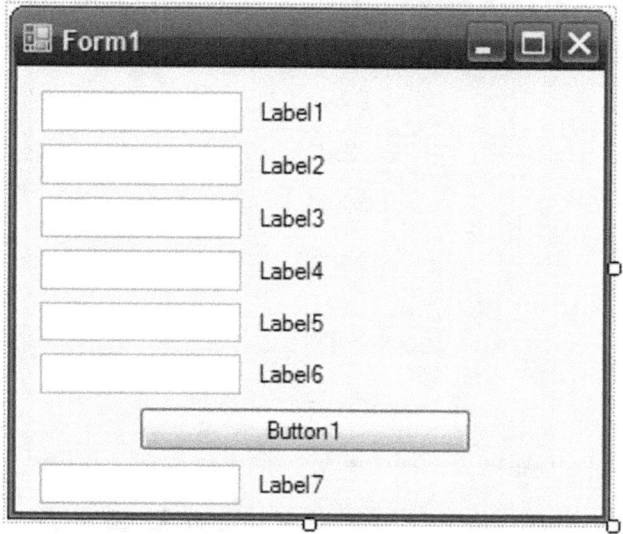

برنامج (6-2) – شاشة العمل:

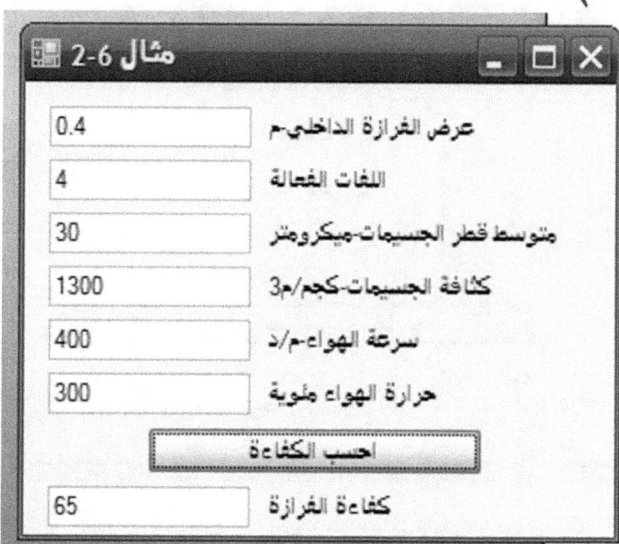

برنامج (3-6) - شاشة التصميم:

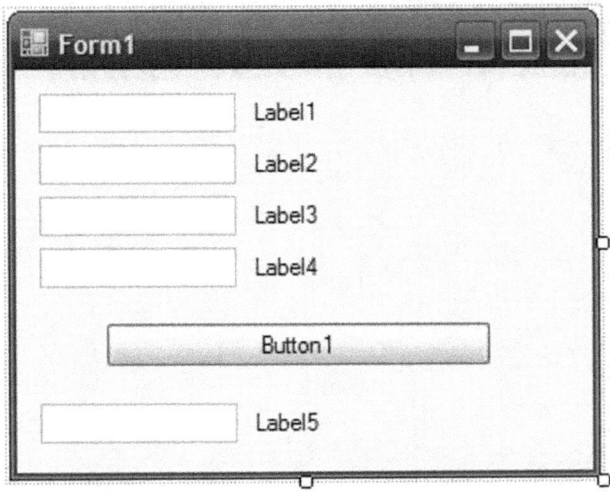

برنامج (3-6) - شاشة العمل:

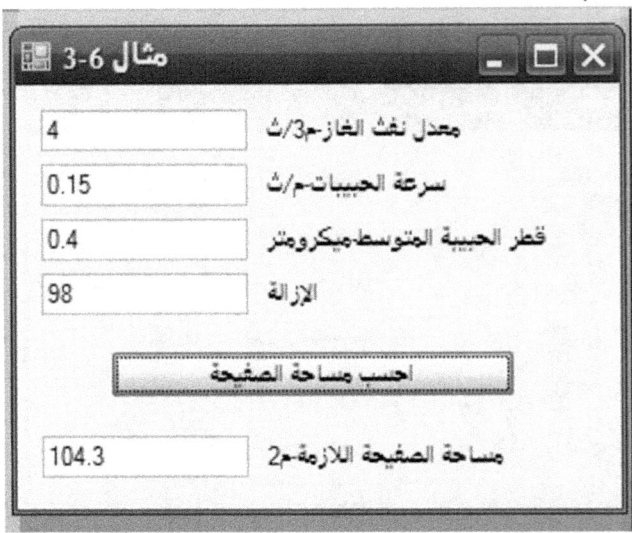

المؤلفون في سطور

الأستاذ الدكتور المهندس المستشار/ عصام محمد عبد الماجد أحمد

- من مواليد مدينة رفاعة بالريف السوداني في 19 يوليو 1952 م.
- تلقى تعليمه الأولي برفاعة، والمتوسط بأبي حراز، والثانوي برفاعة.
- تخرج في قسم الهندسة المدنية بجامعة الخرطوم (السودان) بمرتبة الشرف الأولى، 1977. نال دبلوم الري من جامعة بادوفا (إيطاليا)، 1978. حصل على ماجستير الهندسة البيئية من جامعة دلفت (هولندا)، 1979. نال الدكتوراه في الهندسة البيئية من جامعة استراثكلايد (بريطانيا)، 1982
- للمؤلف جملة من البحوث والأوراق العلمية المتخصصة والكتب الدراسية والمراجع العلمية والمهنية المتخصصة (باللغتين العربية والإنكليزية) فاز بعضاً منها بالجوائز التقديرية الرفيعة.
- عمل مهندساً بالمؤسسة العامة للري والحفريات بوزارة الري والموارد المائية (مينا)، وأميناً عاماً للمجلس القومي لرعاية الثقافة والفنون بوزارة الثقافة والإعلام (الخرطوم)، وأستاذاً جامعياً في جامعات: الخرطوم (الخرطوم)، والإمارات العربية المتحدة (العين)، والسلطان قابوس (مسقط)، وأم درمان الإسلامية (أم درمان)، والسودان للعلوم والتكنولوجيا (الخرطوم)، وجوبا (الخرطوم)، ومركز البحوث والاستشارات الصناعية وأكاديمية السودان للعلوم (الخرطوم) بوزارة

العلوم والتقانة (السودان) وجامعة الملك فيصل وجامعة الدمام (المملكة العربية السعودية). وتنقل في مؤسسات التعليم العالي والبحث العلمي متقلداً مناصباً إدارة الشعبة، و رئاسة القسم، ونائب العميد، والعميد، ووكيل الجامعة، ويعمل حالياً رئيساً لقسم المراجعة بمركز النشر العلمي بجامعة الدمام.

- التلفون: 00966530310018، 0024911620909 البريد الالكتروني: isam.abdelmagid@gmail.com ،iahmed@uod.edu.sa ،isam@enginormatics.com،
  تويتر: twitter.com/IsamAbdelmagid،
  فيسبوك: https://www.facebook.com/isam.m.abdelmagid،
  researchgate: https://www.researchgate.net/profile/Isam_Abdel-Magid,
  google scholar: https://www.facebook.com/isam.m.abdelmagid,
  linkedin: https://www.linkedin.com/nhome/?trk= ,
  الامازون: https://authorcentral. amazon.com/author/isamabdelmagid،
  موقع الكتروني: http://sites.google.com/site/isamabdelmagid

أ.د. محمد احمد حسن الطيب

- من موليد مدينة الدامر 1955.
- تلقى تعليمه الاولى والمتوسط والثانوى بمدينة الدامر.
- تخرج فى قسم الكيمياء كلية العلوم جامعة الخرطوم بمرتبة الشرف الثانية العليا عام 1980م.
- نال درج الماجستير فى الكيمياء التحليلية من جامعة الخرطوم عام 1983م.
- نال درجة الدكتوراة فى الكيمياء البيئية الإشعاعية من جامعة أنتويرب (بلجيكا) عام 1993م.

- له اكثر من اربعين بحثاً وورقة علمية نشرت فى دوريات علمية محكمة وقدمت فى مؤتمرات عالمية واقليمية
- يعمل بهيئة الطاقة الذرية السودانية منذ العام 1983م إلى أن أصبح مديرا عاما لها.

محمد عبد السلام الطاهر الشيخ

- الموطن: قرية مويس جنوب شندي.
- من مواليد منطقة مارنجان جنوب ودمدني فى 23 يناير 1966م.
- تلقى تعليمه الابتدائي ببركات والمتوسط بمارنجان والثانوي بمدرسة حنتوب الثانوية.
- تخرج في قسم الكيمياء كلية التربية جامعة الخرطوم بمرتبة الشرف الثانية – القسم الأول.
- حصل على درجة الماجستير في الكيمياء التحليلية الإشعاعية radio analytical chemistry من جامعة الخرطوم.
- عمل بكل من جامعتي كردفان والدلنج. كما عمل كمتعاون مع جامعتي الخرطوم والنيلين، وعمل في وظيفة باحث بقسم الكيمياء والنظائر المشعة بهيئة الطاقة الذرية السودانية.

د. محمد عصام محمد عبد الماجد

- اختصاصي الباطنية الدكتور محمد عصام محمد عبد الماجد (MBBS، BLS، ALS،) MRCP-UK الأجزاء الثلاثة) تخرج في كلية الطب بجامعة الخرطوم بالسودان 2008.

أكمل التدريب الأساسي مع وزارة الصحة السودانية، ثم عمل كطبيب

في قسم الطب الباطني بمستشفى جامعة الرباط بالسودان، ومستشـفى أملج بوزارة الصحة بالمملكة العربية السعودية.

- اكمل تدريبه العالي لعضوية الكليات الملكية للأطباء في المملكة المتحدة (MRCP-UK) في أجزائه الثلاثة.

- درس في دورات التعليم والتعلم القائم على حل المشاكل في قسم الطب الباطني بجامعة السودان الدولية بالسودان.

- طبيب مسجل لممارسة المهنة لدى المجلس الطبي السـوداني، وهيئـة الصحة في أبو ظبي بالأمارات العربية المتحـدة (HAAD)، والهيئـة السعودية للتخصصات الصحية (SCHS) بالمملكة العربية السعودية.

- عضو كامل العضوية في جمعية الطب الحرج في المملكة المتحـدة (SAM)، والجمعية الأوروبية لطب الطوارئ (EuSEM)، والجمعيـة الأوروبية للجهاز التنفسي (ERS).

- المؤلف هو أحد المراجعين النظراء مع مجلة العلوم الطبية والتجـارب السريرية، والمجلة الإفريقية للعلوم الطبية.

- للمؤلف عدة براءات اختراع في برمجة أنظمة الحواسيب مفتوحة المصـدر مع اهتمام خاص بنظام التشغيل جنو لينكس Gnu/Linux، كما أنـه مـن المبرمجين المعتمدين لنظام فيدورا لينكس Fedora Linux.

- التلفـــــــون: 0096896705308، البريـــــــد الالكـــــــتروني: mohammed_isam1984@yahoo.com ،

فيسبوك: https://www.facebook.com/Mohammed.Isam،

موقع الكتروني: http://sites.google.com/site/mohammedisam2000